中国美术学院
公共艺术研究丛书 （第一辑）

杨奇瑞 马钦忠 主编

# 公共艺术实践案例解析

中国建筑工业出版社

杨奇瑞 著

图书在版编目（CIP）数据

公共艺术实践案例解析 / 杨奇瑞著. —— 北京：
中国建筑工业出版社，2020.2（2023.10重印）
（中国美术学院公共艺术研究丛书 / 杨奇瑞，马
钦忠主编.第一辑）
ISBN 978-7-112-17882-7

Ⅰ．①公… Ⅱ．①杨… Ⅲ．①艺术－设计－案例
Ⅳ．①J06

中国版本图书馆CIP数据核字(2019)第273401号

责任编辑：徐明怡　徐 纺
责任校对：张 颖

中国美术学院公共艺术研究丛书（第一辑）
杨奇瑞 马钦忠　主编

**公共艺术实践案例解析**
杨奇瑞　著

\*
中国建筑工业出版社出版、发行（北京海淀三里河路9号）
各地新华书店、建筑书店经销
北京中科印刷有限公司印刷
\*
开本：889毫米×1194毫米　1/20　印张：7⅛　字数：194千字
2020年12月第一版　2023年10月第二次印刷
定价：88.00元
ISBN 978-7-112-17882-7
　　　　（35018）

# 前言

自 1977 年恢复高考，在四十余年的艺术历程中，我们这代人几乎经历了自 20 世纪 80 年代以来，受西方艺术思潮影响的中国艺术界所发生的大部分艺术思潮和艺术事件。面对它们，我们也大多做过切实深入的思考和身体力行的艺术实践，包括现代主义、后现代主义、当代艺术，以及中国传统艺术的继承与创新等。艺术的推动和发展有其自律性、他律性、普遍性和特殊性，有其自身及其所处特殊时代的内外动因。带着对相关问题的思考，笔者在西欧游学数载，后来又陆续到北美等地考察。1995 年，当笔者从欧洲风尘仆仆归来之时，最强烈的印象是：与西方高度的城市化相比，中国的城市建设正在热火朝天地全面铺开，建筑工地比比皆是，推土机、大吊车日夜轰鸣。中国城市化的进程进入有史以来速度最快、规模最大的时期。1995 年以后，笔者的《一抔土》《民谣》《杭州轶事》等一系列有关城市变迁主题的作品都是在这样大的时代背景创作的。

也是在这样的背景下，城市化对城市公共空间的艺术提出了新的要求。中国公共艺术最早是从城市雕塑发展起来的，城市雕塑在 20 世纪 80 年代以前，多为苏联模式、西方模式的翻版，具历史性、纪念性和装饰性。学术界普遍认为这已不能适应中国城市发展的需要，也不能适应中国特色社会主义发展的社会需求和公众日益提升的审美要求，于是在业界形成了热烈的讨论。讨论的实际推动作用并不大，大多局限在意识形态层面。20 世纪 90 年代前后，中西之争、雕塑与公共艺术之争、公共艺术学术之争、公共艺术教育的定位之争、公共艺术实践与公共艺术建设机制之争……诸如此类，中国关于公共艺术的讨论可谓五花八门、不胜枚举。

在讨论进行的十几年间，中国城市建设继续高速发展，其速度在人类的城市发展史上，是极其罕见、甚至是空前绝后的，其幅员之大、影响之深、涉及之广，几乎到达于地不分南北、于人不分老幼，皆身处于这个大变迁之中的程度。同时，整个中国的自然环境、社会文化、城市空间、人居生活、人文精神、价值观、伦理观等都发生着急速的改变。这是一个真正巨变而动荡的大时代。我们身处其中，对艺术创作的探索实践而言，是一个可遇而不可求的历史机遇。于是，中国美术学院率先于 2002 年成立了公共艺术专业，这是全国范围内最早的公共艺术专业本科教育。2008 年，又成立了公共艺术学院，它是全中国乃至全世界第一个公共艺术学院，发展到今天有 3 个系，10 个工作室，10 个实验室，8 个研究所，形成了教学、实验、研创三环一体的结构。我们公共艺术学院的专业理念为"大公共艺术"，它不是指狭隘的公共艺术，也不是意识形态派、过于强调公民社会的公共艺术，而是在当今信息化、国际化的背景下，建立在城市文化学、政治哲学、社会学、历史学、建筑学、教育学、美术史学的基础上，遵循城市发展和艺术发展规律，为中国城市打造高品质公共空间的艺术，以美育普惠大众的艺术，营造美美与共、大美之境的艺术。

于笔者个人而言，除了招生和办学，2000 年年初就开始带领同学们从城市建设过程中的一些重要节点切入，进行个人创作。从单体的雕塑和装置创作，到城市历史街区的改造提升，到几届世博会的公共艺术综合体，再到跨空间、跨媒介的户外大型实景演绎，广泛参与这个时代、城市、公众所需求的各种公共艺术实践。

作为一个雕塑和公共艺术的创作者，笔者的工作内容涉及雕塑、建筑、装置、景观、影像、编导、科技……作品实现的过程充满探索性、挑战性和实验性。如何通过公共艺术综合体的创作，为一个地区、一个民族，甚至为一个国家代言？艺术家如何回应中国波澜壮阔的城市化进程所提出的时代命题？如何将艺术、科技和工程结合，在公共空间中产生最好的艺术效应和最大的文化效应？在十余年的思考和探索中，笔者的教学研究和社会实践并驾齐驱，丰富的教学经验和实践经验的积累，充实了笔者对公共艺术理论的思考，也创作出一些具有引领性、标志性的公共艺术作品，得到了社会的充分肯定。

作为一个公共艺术的教育者，笔者认为一个优秀的公共艺术人才必须具备一定的造型艺术、设计艺术、当代艺术素养。通过对雕塑等造型艺术扎实的学习，接受艺术学院传承下来的经典教育；通过对设计艺术的学习，懂得识图、制图，了解空间和场所，懂得如何使作品在环境中"恰如其分"；当代艺术则凝聚了与时俱进、国际化的精神，凝聚了个性化和创造力的精神，这是公共艺术学者的专业结构里必须要具备的素质。要避免在公共空间中人云亦云，就要保持自己的独立精神和创新精神。本书的出版，可以对公共艺术的学习者和实践者们起到一些借鉴和启发作用。当然，遗憾之处是，时间跨度太久导致部分图片的清晰度不高。

最后，要感谢一起为中国公共艺术建设而努力的同仁们、老师们和同学们，道阻且长，独乐乐，不如众乐乐。

杨奇瑞

写于 2020 年 10 月

# 目 录

第一部分

公共艺术

综合运用研究

# 第 1 章

## 公共艺术综合体
## ——2010 上海世博会浙江馆

## 一、浙江馆征集方案要求及理念诠释

### （一）方案征集背景

2008 年 1 月 30 日，浙江向全球征集上海世博会浙江展区设计方案。

设计浙江馆，首先要了解本次世博会的主题。上海世博会的主题是"城市，让生活更美好"，强调了城市作为人基本生存环境的重要性。如何诠释这个主题，把浙江馆做好？要从以下几个方面入手：首先确定浙江馆的主题，思考从哪些方面进行构思；接着进入设计创意方案的形成、深化阶段；最后，凝聚一切力量进行精良的制作。

### （二）创作理念

中国馆浙江展区的创作要紧紧围绕世博会的主题，即"城市，让生活更美好"来进行，并秉承"体现浙江创新精神，突出浙江历史特点，弘扬浙江城市文化，彰显浙江生活品质"的基本理念。征集方案应将创作理念融会贯通，提出富有创新性、独特性的主题思想与展示内容。

城市是人类文明的结晶，其兼收并蓄、包罗万象、不断更新的特性，促进了人类社会秩序的完善。城市是由人创造的，人的生活与城市的形态和发展紧密相连。21 世纪，中国的城市化进程加速发展，将成为影响人类发展进程的关键因素之一。此次中国馆浙江展区的创作要以上海世博会的主题"城市，让生活更美好"为核心，凸显浙江城市文明的发展成就，展现浙江优质的城市生活品质。

### 1. 体现浙江创新精神

浙江人在生存空间狭小、土地资源贫乏的条件下勤于思考、奋起拼搏，创造了"自强不息、坚忍不拔、勇于创新、讲求实效"的浙江精神。深厚的人文历史积淀又使浙江精神凝练成以人为本、注重民生的理念，求真务实、主体自觉的理性，兼容并蓄、创业创新的胸襟，人我共生、天人合一的情怀，讲义守信、义利并举的品行，刚健正直、坚贞不屈的气节，卧薪尝胆、发奋图强的志向。

### 2. 突出浙江历史特点

从远古孕育的灿烂的河姆渡、良渚文化曙光到宋明造就的主张"义利并重"、强调"工商皆本"、宣扬"兼容并蓄"的思想光辉，从南宋繁华的都市商业到明末清初的资本主义经济萌芽，从近代举世的"宁波帮"到当下闻名的"温州模式"，浙江积淀了深厚而独特的历史文化传统。

### 3. 弘扬浙江城市文化

浙江拥有引以为傲的城市历史高度、多元的城市格局、多重的城市质感，渗透出浓郁的人文气息；在城市面临信息化、市场化、工业化、全球化的当下，浙江在探求城市可持续发展之路上正力争走在中国乃至世界的前列。

彰显浙江生活品质表达了人们日常生活的品位和质量；关注生活品质，就是关注生活的真正内涵与本质。城市是人的城市，生活品质的提升是城市的根本目标。浙江历史上曾有吴越国"保境安民"的国策，体现"以民生为出发点"的务实理念；也曾有南宋富有浓郁市井味、世俗化的城市风气，蕴含"以民为先、和谐共生"的先进意识。因此，

在城市生活品质的追求上，浙江有着深厚的历史积淀。

### （三）空间布局

浙江馆的设计构思，受到两大条件的制约。

第一是时间，根据世博会统计，大部分观众在每个场馆的逗留时间一般不超过 20 分钟，所以浙江馆的设计内容不能面面俱到，应该以高度凝练的象征手法来诠释。在视听、读图时代，高效的视觉展示是唯一手段，也是现代世博会展示惯用的手法。因此，浙江馆在设计上提倡视觉展示，摒弃文字阅读，打造亮点——"浙江 10 分钟"要让人们记住浙江馆短暂而又永恒的浙江 10 分钟。

第二是空间条件的制约。浙江馆长 30.1m，宽 15.8m，展示高度 7m，规划布展面积约 500m²，总空间不足 600m²，距离安徽馆 3m，距离黑龙江馆 6m，与山东馆背靠背，另一边是公共通道，宽 12m。

世博会展馆人流的处理方式主要有三种："流""批""散"。所谓"流处理"和"散处理"，指的是展馆的前门、后门是敞开的、动态的，观众鱼贯而入、鱼贯而出，不强调观众在展区的固定停留时间；而"批处理"，就是一次进入三四十人，集体观看影像。

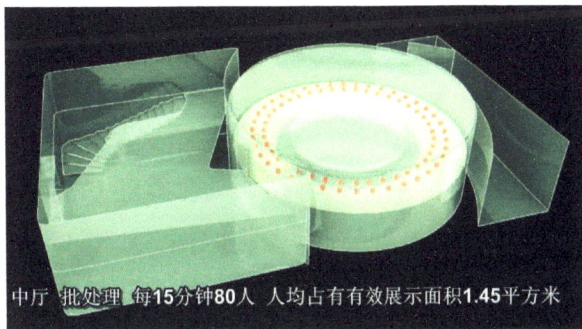

中厅 批处理 每15分钟80人 人均占有有效展示面积**1.45**平方米

观众批处理

竹立方

竹立方 / 网孔不锈钢、灯光

前厅

前厅 / 镜面亚克力等综合材料

　　根据浙江馆的时间和空间条件，我们想把浙江精神展示给大家，就需要集中而又安静的观众群。因此，展区总体分为三个部分：前厅、中厅以及分为两层的后厅。展区人流采取"流""批""散"的处理方法：前厅——流处理，70 人 /15 分钟，人均占有效展示面积 0.82m$^2$；中厅——批处理，80 人 /15 分钟，人均占有效展示面积 1.45m$^2$；后厅——散处理，人均占有效展示面积 2.05m$^2$。瞬间极限参观人数控制为 240 人，人均占有效展示面积 2.1m$^2$。

## 二、浙江馆创意

### （一）外立面：竹立方

馆体"竹立方"生生不息，挺拔、傲然，具当代气质，代表绿色浙江、生态浙江，是浙江精神的代表，体现君子气节。用不锈钢穿孔材质加工而成的"竹子装置艺术品"，每根大小粗细都不同，最高的近8m，最粗的直径达30cm。竹子自身采用LED灯光技术，在绿色与无色之间变幻千种颜色。

### （二）前厅："江南小镇"

浙江馆分为三个厅，中厅是浙江馆的核心演绎区——"宛若天城"。前厅打造"如梦如幻的江南小镇"——脚下是江南小镇的青石板路，这是由浙江山区采集的青石板所铺。右边巨大的弧形荧幕墙，长10m，高3m，播放影片《诗画浙江》和《浙江十二钗》。《诗画浙江》中的3D天鹅穿越了浙江的古今，《浙江十二钗》展示了浙江时尚、朝气的一面。影片的画面投射在如梦如幻的江南小镇上，相映成趣。江南小镇的建筑没有用写实的材料，去表现石块、木头那样的质感，而是运用象征与意象手法，做了镜面处理，为的就是让彼此呼应，打造一个梦幻又新奇的浙江小镇。桥上四角亭，桥下水口，潺潺溪水流过，溪水中历代陶瓷和青瓷碎片见证了浙江8000年的陶瓷文明，通江达海，象征浙江的文化源远流长。

### （三）脚本展示

#### 1.《诗画浙江》

观众在浙江馆门口，被巨大的环形屏幕所吸引。《诗画浙江》以古造纸作坊开篇，笔墨纸砚纷纷登场，湖笔择

诗画浙江／影片

料、水盆、结头、择笔，一滴墨色在水面晕开，《富春山居图》荡漾而出，别有情趣。从画面来看，浙江山水在古代便是可游可居的。王羲之虽与黄公望处于不同的时代，但此时，一代书圣却在富春山下，鹅池旁边，挥毫书写下千古名篇《兰亭序》。王羲之出现在黄公望的《富春山居图》里，逻辑上不可能，但这样的叙述方式综合地表现了古代浙江世外桃源、天堂般的品质生活。水墨动画的鹅在曲水流觞的兰亭鹅池中游弋，群鹅逐渐变为天鹅，振翅起飞，穿越古今的浙江，去穿梭浙江的大好河山。虽然时间、空间跨度很大，但整个影片以天鹅为线索，把历史串联起来。

天鹅越过湖泊、竹海，渔舟唱晚、烟雨江南、水乡小镇一一呈现。西湖上，画里兰舟，戏装的白娘子和许仙同撑一把油纸伞，飘雪中遥望天鹅飞过；天鹅在粉墙黛瓦上留下倩影，枕河人家，捣衣声声，清澈见底、波光粼粼的水面映出少女的身影，原来那是西施欲往水边浣纱，沉鱼落雁之貌倒映在水面，婀娜身姿，传情美目送天鹅飞过。寺庙长长的鹅黄色大墙，一群做早课的僧人从大墙下走过，一僧人回眸飞雁。天鹅飞向东，佛国观音神态禅定，俯视鲜嫩欲滴的茶山，茶山上采茶女星星点点，勤劳、美丽的采茶女采摘了汲取阳光、雨露精华的三叶龙井茶，叶片在阳光摇曳间，天鹅的身影轻盈地掠过，采茶女手持鲜茶，满心欢喜地眺望天鹅南飞。舟山渔港一片繁忙，落霞满天，鱼儿满仓，天鹅也好奇这人间的欢喜，俯下身姿凑热闹，而忙碌正欢的人们却有如此的幸运，细数天鹅的翎羽，一瞬间，惊喜错愕，落霞、天鹅、黝黑肤色的渔民俨然一幅壮美的油画。天鹅飞过千岛湖，水面上随意晃动着一对脚丫，镜头上升，原来是一对父子在亲水平台悠闲地

垂钓，儿子远远地就望见了这一群天鹅，伸出小手兴奋地指给父亲看，天伦之乐尽在眼底。天鹅飞过良田千顷，油菜花遍野开放，忽然，马路上出现车队两行，原来是白色的新婚自行车队，新娘们头戴婚纱，幸福地穿行在灿烂的明黄里；另一队是骑着自行车的城市青年旅行者，他们与新婚队伍不期而遇，立即拿出相机抓拍这美丽的瞬间。天鹅见证了这幸福的人们，带着感动，飞入喧闹的城市，公交车内的乘客、拍毕业照的学生们、西湖水面上凌波微步的模特们与天鹅偶遇，仰望天鹅，幸福、满足的微笑洋溢在脸上。纯净的东湖上，只剩长长的纤夫桥，鲁迅远远的身影孑然前行。鲁迅拾级而上，江南桥的另一边仿佛海市蜃楼，出现繁华都市的大场景。天鹅向远处的都市飞去，鸣声远去，江南的桥漂浮在都市上空。鲁迅喃喃自语："世上本没有路，走的人多了，便成了路。"这条路是浙江城乡共同发展之路，体现了"幸福城乡，美好家园"的主题。

## 2.《浙江十二钗》

影片《浙江十二钗》展示了浙江诗意的时尚，为"80后""90后"所喜爱。江南自古出美女，浙江的美女不仅

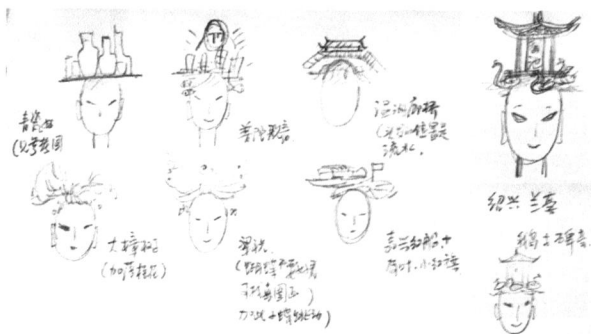

浙江十二钗／手稿

浙江十二钗 / 色彩研究

浙江十二钗 / 影片

把浙江的美女和浙江的名胜结合起来，清新而不落俗套，人美是因为这方土地美，景美是因为人美。

影片名为《浙江十二钗》，"钗"指古代妇女的一种首饰，也借指妇女，而现在，"钗"喻指美女。《浙江十二钗》的艺术处理很单纯，一张古画，生动的美女形象一字排开。一开始，美女们悠闲、嬉笑，忽而，发现杭州雷峰塔、湖州桃花、普陀山观音、兰溪诸葛村、安吉竹海、嘉兴红船、龙泉青瓷、兰亭鹅池、衢州大樟树、台州南长城……梁祝双双化彩蝶，翩翩飞舞，分别在她们的头顶悄然生长、开放，这时，新奇、惊愕、珍惜的神态溢于言表，充满了俏皮、幸福、孩童般的朝气。

影片用简单、纯粹的画面表达创意。江南小镇是用镜面处理的，要求有视觉张力的形象和小镇产生亦真亦幻的投射关系，复杂或荒诞离奇的影像都不符合艺术要求。如果只是介绍浙江的景点，会落入宣传片的俗套，而通过生长的方式表现，风景就变得亲切、可爱。本片以泛黄的宣纸作为背景，赋予影片浓厚的书卷气，美女身边的印章形状各异，上刻各地市名称，所以浙江的美女就像浙江的风景一样，亲切、可爱、朴素、自然。

### （四）浙江馆载体设计方案

浙江馆中厅核心演绎最早提出 4 个设计方案——桥、古船、隧道、碗。

### 1.《古桥飞渡》

桥，古今中外都有，有水之处便有桥，桥下之水也是山水意向。浙江馆的空间布局就是以桥为主。在展厅中建

有古韵的婉约，更有时尚、美丽、俏皮、可爱的一面。我们在叙述历史的深度、长度的同时，不管是婉约也好，豪放也罢，都不能自说自话，而需要增加时代的气息。影片

古桥飞渡 / 概念方案

一座江南古桥，两端与进出口处相连。观众踏上石板，站在桥上，观两岸风光、四季景色、千年变化，进入"浙江10分钟"，游弋时空，听潺潺山泉，湖面微波涟漪，细细流淌的流沙，置身于远古；听滔滔江水，汇流入海，穿越太空，感受浙江经济带来的蓬勃生机和无限的发展。10个表现浙江的情景都在桥的四周演示出来，桥上有很多时尚的图案，在屏幕上滚动。

千年古舟 / 概念方案

## 2.《千年古舟》

千年古舟，取自萧山跨湖桥遗址出土的有8000年历史的古舟残片，用历史文物做载体，记录古代先民择水而居的生活形态，可言其为城市的源头。舟，是生命方舟，是人类生活繁衍的载体。在历史的长河，将生活加以记录，流沙沉淀，形成冲积平原，肥沃的土壤孕育着辉煌的文明。观众在古舟感受《浙江十章》，从远古走来，畅游在溪流、湖泊、江海中，起伏间可领略江海文明带来的特有的浙江诗画家园的美好城市。

## 3.《诗画之旅》

该方案利用了物理学中参照物的原理，将展示的内容通过机械卷轴和无接缝投影的形式进行展示，参观者坐在固定的船上，随着灯光一暗，幕布将船覆盖，依靠视错觉产生船在前行的感觉；行船观景，人在画中游；现代科技手段打造出的数字影像，以数字模拟的水墨动画形式展现，由此将参观者带入一段诗画之旅，数字动画的展示模式体现了浙江创意产业的特色。船体下的机械振动装置依照展示章节的内容产生相应的震动，加强真实的行船体验，推出虚实交融，直观、浓缩、真切、充满想象的"浙江10分钟"。

在人流的处理上，该方案采用批处理的手法，每次登船人数为90人，每场次演出时间为10分钟。这样既可以保持展馆内预想的秩序，又可以使观众较全面和完整地欣赏展示内容，给疲惫奔波于各展馆的观众创造一个优雅舒适的视听环境，从而对这个能体现浙江特色的主题展馆留下美好印象。

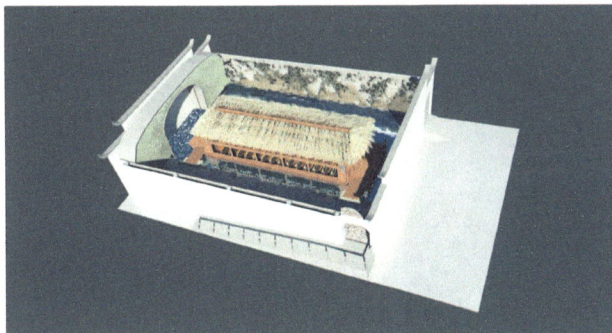

诗画之旅 / 概念方案

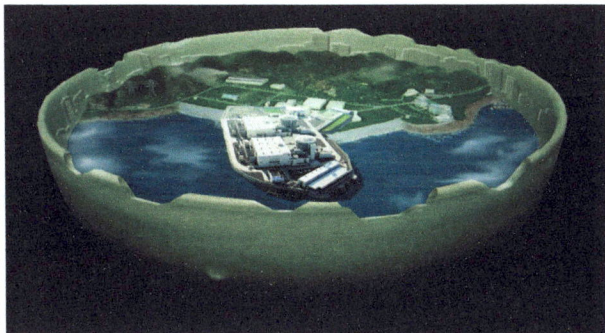

宛若天城 / 概念方案

### 4.《宛若天城》

"碗"，有容乃大，历史悠远。它承载历史，承载我们的日常生活。人们对碗有着本能的亲切感。"碗"是国际语言，被大家所熟知，为世界所共有。中国——"China"，瓷器——"china"，青瓷作为瓷器中的代表，也是浙江瓷器文化和典雅浙江、品质生活的代表。浙江出土的唐代、五代和宋代时期的莲花碗，造型优美，色泽温润，体现了浙江人由来已久的品质生活，不仅把它当作吃饭用具，更有文化追求、品质追求、审美追求，所以浙江馆展示的核心定位为青瓷莲花碗。

碗里装水，水是浙江水的总和。浙江是山水城市，八源汇流——钱塘江、乌江、甬江、灵江、瓯江、笤溪、婺江和飞云江养育了浙江省；五水共导，江、河、湖、海、溪象征着滋养浙江的源头活水。

城以盛民，碗以装水，"城"与"碗"有共通性，都具有包容性。青瓷巨碗高3m，直径8m，水从碗边溢出，把《宛若天城》的精彩演绎装载其中。

马可波罗曾在游记中称赞杭州是"Heaven City"（天堂城市），"碗"与"宛"同音，"成"与"城"同音，"宛若天城"取成语"宛若天成"的谐音，"宛若天城"由衷地反映了浙江的自豪和自信。

"宛若天城"的核心演绎是《浙江十章》，用"10个章节"诠释古往今来的浙江。10个章节分别是"家园曙光""良渚筑城""诗画江南""西湖四季""天下粮仓""和谐城乡""浙江时刻""跨海天路""钱塘大潮"和"清香悠远"。这10个章节把浙江的古往今来，如史诗般表现出来，这也是最后的实施方案。

诗画浙江 / 草稿

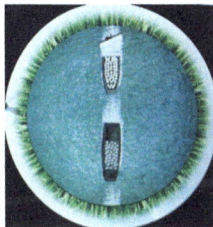

天下粮仓 / 草稿

和谐城乡 / 草稿

美好家园 / 草稿

河姆曙光

**第一章　河姆曙光**

"浙江十章"以"河姆曙光"开篇，讲述这片土地上最早的人类智慧。河姆渡文化是中国长江流域下游地区古老而多姿的新石器文化，反映了约7000年前长江流域氏族的情况。浙江是山水家园，渡，即水也，以水养育的文化开创了浙江的文明。

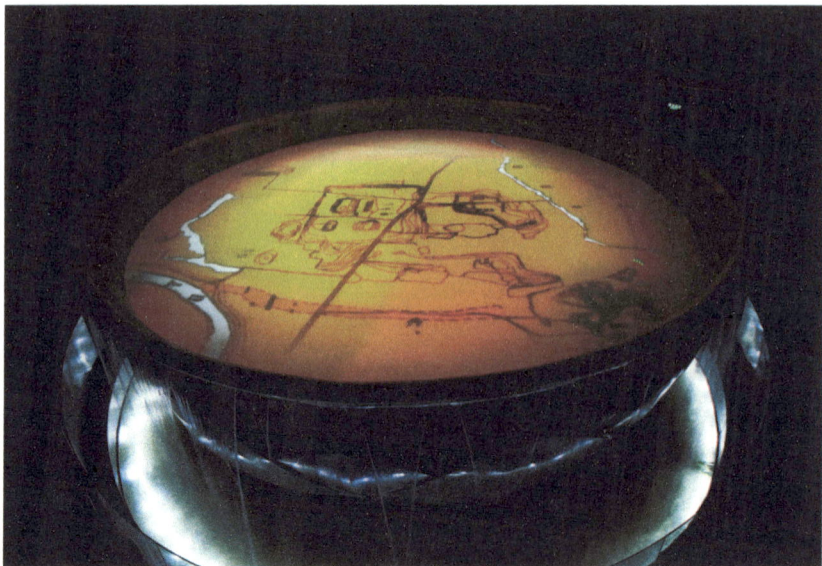

良渚筑城

**第二章　良渚筑城**

双凤送走了河姆渡的曙光，迎来了良渚的家园文明。一张良渚古城池的油画浮出水面，旋转，继而变为三维地形图。良渚古城是目前发现的同时期中国最大的古城遗址，堪称"中华第一城"。良渚时期便有早期的城市规划，形成了巨大的城市规模，并发展到比较成熟的阶段。浙江，历史如此悠久的省份，怎能不以这远古的文明而骄傲！

诗画江南

第三章　诗画江南

　　良渚古城的地貌没入一汪碧蓝的水中，一把折扇在水面徐徐打开，上书白居易名篇《忆江南》，碗壁四周，梅兰竹菊桂飘香，桂花从天而降，落入扇面。灯光一暗，折扇缓缓没入水中，扇上诗句仍在水面荡漾。忽然，诗句结尾处两尾水墨的鱼儿活了，变成锦鲤，在字间嬉戏。这时，桂花的香味扑面而来，观众会不禁在这诗情画意的江南意境中伸长脖子，深深地呼吸这江南的气息。

西湖四季

第四章　西湖四季

　　速度、空间、画面的处理，使这一章于悬念中带有合乎逻辑的想象，西湖春、夏、秋、冬的变化，超越了时间和空间。用画面转换来描述时间和空间。白昼与黑夜，光亮与黑暗，光本无形，但日月有形，因此，用有形的形象描述无形的时间。一碗白昼的光缩为一轮明月，像舞台的聚光灯，三潭印月别有意趣，静静的西湖之夜，鱼儿戏游。

天下粮仓

## 第五章 天下粮仓

篾条飞舞，一圈一圈由碗边自上而下，编成一只箩筐，白花花的大米顷刻从箩筐底部涌出，忽而，视角上升，那只满载了大米的箩筐只是京杭大运河漕运船上无数筐中的一只，载满丰收果实的船队一路向北。浙江是当时中国的粮仓，运河两岸良田千顷，风光旖旎，空中白云朵朵，大鸟翱翔。碗壁上，各种谷物生长，累累果实坠下，一派丰收的景象。

和谐城乡

## 第六章 和谐城乡

天空下起了雪，静谧的浙江水乡笼罩在江南的梦中。小巧精致的小镇浮现在人们的眼前，黑瓦、回廊，镜头飞快地前行，一路上，运河两岸，大厦拔地而起；碗壁上，高楼林立，迅速后退；运河中，游艇飞驰，碧水蓝天。乡的幽静和城的繁华缔造了城乡共创的和谐画面。浙江是宜居之地，每个人在这里都能找到属于自己的角色。这一章以人为本，以塑造普通老百姓来展示浙江包容、开放和发展的形象。

浙江时刻

## 第七章 浙江时刻

水面变成一口钟面，随着分针的转动，一扇扇窗口被打开，窗口里显示的不是时间，而是为浙江的发展默默做着贡献的人们，包括小学老师、大学校长、商人、工人、农民和运动员。当分针指向12点时，游泳健将跳入碧蓝的大海中开启了另一个篇章——"跨海天路"。这口钟面用了3D动画的效果，以展现钟表内部的机械运动之美。

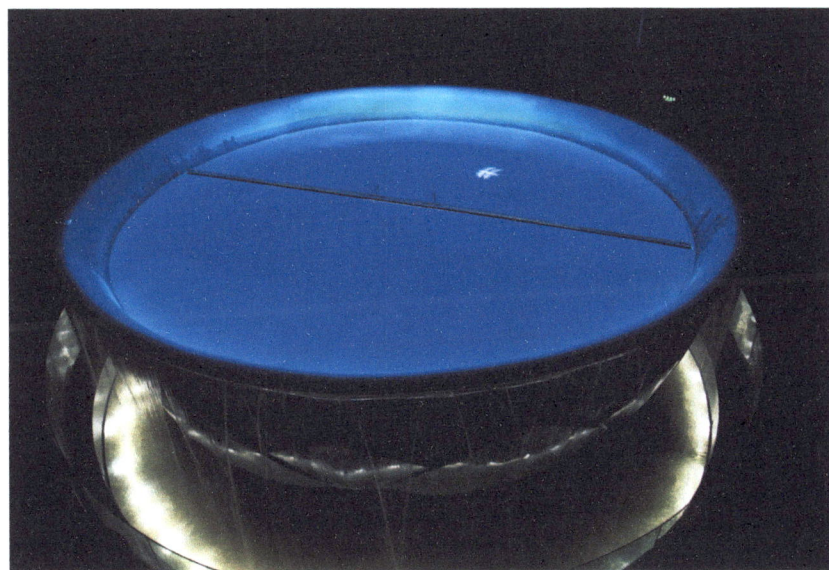

跨海天路

## 第八章 跨海天路

浙江是海洋大省，浙江也有举世闻名的钱塘江大潮，杭州湾跨海大桥也是全球十大跨海大桥之一。网状的岛屿被连岛工程所覆盖。镜头从空中俯瞰，一条随手画出的线，蜿蜒于两岸，随着镜头慢慢拉近，越来越直，剩下其中的一段越显神秘，此时跨海大桥从水中魔术般地升起，夜幕降临，跨海大桥车流穿梭，璀璨耀眼。

钱江大潮

## 第九章　钱江大潮

钱塘江的潮水从天而降，逐渐形成雷霆万钧之势，声势浩大的潮水，轰的一声越过美女坝，撞上碗边，浪花飞溅。青瓷碗之小，钱江潮水之宏大，怎样才能调和这一矛盾？参照物的变动！碗壁的城市和碗内的潮水互动，潮往前进，城市徐徐退后，当潮水汹涌时，恰是城市飞速后退的时候。我们的眼睛同时看到两个场景，形成错觉。整个10章的内容在这里达到高潮，经过后期的处理，完整地诠释了潮水宏大的意义，同时给人带来不可思议的视觉效果，在观众还意犹未尽的时候，潮起潮落，迅速平静下来，回归到一碗清茶。

茶香悠远

## 第十章　茶香悠远

一碗清茶，茶香隐约可现，江南的小雨霏霏，淋湿衣襟。这样的一碗茶，伴随着我们生活的茶水，超越了品茗的意义，而成为一种生活的态度，激情过后，不动声色，归于平淡的洒脱。江、河、湖、海、溪与人，相依共生，好比茶水，宏观与微观，却是日常生活，底蕴尽在其中。尔后，荷叶从水里砰砰地冒出，满塘荷花，竞相开放，一瞬间，墙壁上桃红柳绿，骤然亮起，满眼荷花，江南的细雨霏霏落下，印象浙江由此呈现。

幸福城乡 美好家园

中厅大碗结构解密

## (五) 六户"最浙江家庭"

### 1. 浙江馆"最浙江家庭"的创意理念

浙江馆尾厅入住的6户家庭，分别从浙江的村、镇、县、市征选而出，最能代表浙江30年来的发展与活力。讲天下，讲国家，讲城市，讲家园，最终的基本元素是人和家庭，因为浙江馆尾厅空间有限，作品采取浓缩法，不做夸张，不做粉饰，浓缩最真实的浙江百姓生活，力求"窥一斑而知全豹"，通过6个最普通的家庭，折射浙江的发展，向全世界一展浙江家庭的风采。

"最浙江家庭"的选取活动对浙江馆的宣传起了很大作用。从2009年6月开始，团队与《钱江晚报》合作，在全省范围内，征集最能代表浙江和睦、温馨、幸福家庭生活的"四世同堂"家庭。创意发布后，很多家庭积极地参与此活动。征集之初，设计团队希望征集到4户代表浙江村、镇、县、市的典型家庭，即来自不同行业、地域，具有文化底蕴，能反映时代变迁的江南水乡中最普通的浙江人家，将他们的生活展示在游客面前。而在实际筛选过程中，团队发现反映浙江各行业、各种文化特色的家庭非常多。为了全面展示浙江家庭特色，经过商讨，团队决定将入选浙江馆的家庭扩展至6户。

征集过程中，超过40户家庭自荐参与展示，设计团队也走访了很多颇具代表性的浙江家庭。最终，确定了6户家庭进入浙江馆。6户人家的共同特质就是每个家庭都带有自强不息、勇于开拓的精神。这种精神代代相传，并能发扬光大。同时，这些水乡人家和睦温馨，有的家庭甚至是30多个成员仍生活在同一屋檐下，其乐融融。

这6户家庭分别来自不同的地域环境，既有非物质文化遗产的传承人——传奇的龙泉青瓷世家张家；也有白手起家，创造数亿资产的家族——来自义乌小商品市场的周家；还有世世代代生活在杭州中山路上的家庭——汪家；舟山打渔世家——周家；普普通通的临海做鞋世家——戴家；武义耕读之家——俞家。

如果说中厅的青瓷大碗、前厅影像，都是诗情画意的浙江，那么"最浙江家庭"便是实实在在浙江生活的写照。采用浓缩法，选择6户家庭，通过这6个社会最基本的单位折射出浙江的发展。

### 2. "最浙江家庭"调研与制作

"最浙江家庭"的收集、编辑、拍摄、制作、安装共耗时一年半，在社会上产生了很大的影响。在对"自荐"和"搜集"家庭进行调研、整理、对比后，团队组成了6个小分队，到各个家庭实地采编。每支小分队被派到一户家庭做深入的生活调查，吃住在当地，对日常生活的点滴进行整理，做调查报告。对6户家庭的调查不仅要关注当今家庭生活的全貌，而且要了解社会发展的大背景以及在此背景下的家庭发展史。

研究队员由摄影师、采访人员和艺术设计人员组成，去每户家庭三四次，每次数星期。摄影师全程记录6户家庭的日常生活以及接受采访的过程，剪辑成具有艺术表现性的生活片，作为浙江馆6户家庭的展示之一。采访人员对6户家庭的家谱、家族故事和家庭变迁做了深入的挖掘工作，形成大量的文字资料，为"6户家庭"的艺术创作奠定了坚实的基础。艺术设计人员实地感受了"6户家庭"

生活的周边环境、地域特征、人物精神面貌、家庭生活气氛，寻找艺术设计创作的切入点。研究人员回来后，进入模型制作阶段，采用微缩法，把最能代表"6户家庭"幸福生活的场景用精缩的比例加以表现。

### 3. 龙泉的青瓷世家——张家

**入选家庭：张绍斌家庭**

**籍贯：浙江省龙泉市**

龙泉青瓷是浙江文化的重要组成部分，传统的青瓷烧制技艺于2009年入选"世界非物质文化遗产"名录。年过六旬的张绍斌出生于制瓷世家，他的天祖父张明有与堂兄张明绪共建近代龙泉宝溪的第一支龙窑。曾祖父于1918年创办"张义昌瓷厂"，他的祖父张高礼和叔公张高岳是民国时期维系龙泉青瓷传承的代表人物，所烧制作品"寿龟""凤耳瓶"等被用作"国礼"，获蒋介石亲笔题赠"艺精陶仿"匾额。张绍斌的父亲自幼跟随张高礼学艺，年逾八旬仍在烧制仿古瓷。张绍斌被评为首届中国陶瓷艺术大师、中国工艺美术大师、国家级非物质文化遗产代表性项目传承人，享受国务院"政府特殊津贴"。多年来，张绍斌对龙泉青瓷胎釉的特性和烧制技艺进行了深入系统的实践和研究，圆满恢复了青瓷薄胎厚釉烧制、金丝铁线纹饰和支钉架烧等传统工艺，为其作品赢得"当代官窑"的美誉。女儿张英英是浙江省工艺美术大师、龙泉市非物质文化遗产代表性传承人、龙泉市首席技师，多次在全国大赛中获奖。儿子张笃良毕业于景德镇陶瓷大学，是丽水市"绿谷新秀"、工艺美术师……

张家的生活变迁反映出青瓷的发展传承需要依靠几代人的不懈努力。制瓷工艺能流传下来，是聪慧执着的手工艺人勤勤恳恳劳作的成果。摄制组跟随张绍斌拍摄，记录其日常生活、工作场景，并拍摄了他多年来精心制作的多件作品。

展示方案结合真实的龙窑，以强透视的视角，制造一个龙窑模型，展现龙窑的古朴和神秘感。龙窑窑头的观火口及窑头两侧放置3个视频，内容为青瓷在窑火中经过高温历练，釉料在瓷器表面流动、变质，最终成为美轮美奂的艺术品的过程，其中穿插传统青瓷烧制技艺的古老画面。龙窑侧面的投柴口放置2个视频，内容为张绍斌一家在几十年间的工作、生活状态，反映整个龙泉青瓷行业和家庭命运紧密依存的状态和其在社会经济依托下的发展。龙窑尾部放置青瓷作坊的工具，如辘轳车、匣钵、模具、晾晒架等，展示了张绍斌一家在不同时期的居住环境的微缩模型，整个展项就是一个综合媒介的装置艺术作品。

### 4. 临海的制鞋世家——戴家

**入选家庭：戴世忠家庭**

**籍贯：浙江省临海市**

一座古城池，一条古长城，一条古街，一户人家，古朴，淳厚。国家历史文化名城临海是一座有着深厚文化积淀的千年古城，既有古老历史的凝重，又具江南山水名城的秀丽和现代文化都市的勃勃生机。

临海戴世忠家，祖祖辈辈都生活在紫阳老街。紫阳街为明嘉靖年间所建，最有特点的就是那造型优雅的斗角飞

龙窑

窑火特效

檐。紫阳老街 371 号是戴祖淼的家。戴家是少数在紫阳老街生活了近百年，并且三世同堂的家庭之一，近 84 岁的戴祖淼是这条街的见证人，戴家的发展史也是当时台州临海各个时代发展的缩影。

戴家世代经营制鞋作坊，祖传手艺，单传并且传男不传女。制鞋工艺由太公传给爷爷，爷爷传给父亲，如今子女都读书改行后，手艺就传给了家中的小表弟。成为世博"最浙江家庭"之一，戴祖淼老人很高兴，为摄制组全程展示了做鞋过程。

戴世忠回忆起自己曾生活过的老街，犹如品尝一杯上好的铁观音，色香味俱全，回味无穷。他回忆道："记得小时候自家种的兰花，香味可以飘出几十米远；每天放学回家都要从老街上的一口井中挑水，将家里的大缸灌满；妈妈在大灶台边忙得不亦乐乎……"

当问起从 20 世纪 70 年代到如今，身边最大的变化是什么时，戴世忠直接列出了一组数据：1977 年，他刚参加工作，那时的工资是每月 24 元，如今是每月 6000 元；1992 年，自己拥有的第一套住房是 68m$^2$ 的一室一厅，如今是 180m$^2$ 的复式房，身边的一切都发生了翻天覆地

天翻地覆

的变化。现在，戴家老宅的墙上还贴着 20 世纪 70 年代的老报纸，各个年代的物件和装饰品在这间祖宅交织。

"虎踞龙盘今胜昔，天翻地覆慨而慷"，展示装置为类似经纬度的轴转物体，在旋转的时候上下颠倒、气势恢宏。"天翻地覆"囊括了 19 世纪 70 年代至今的飞速发展：以十字交叉的两圆为基础，水平的圆轮代表 19 世纪 70 年代至 20 世纪 20 年代的变化，为"地覆"；直立的圆轮代表这四个年代的大背景变化，为"天翻"。在资料归纳中，艺术家及其团队参照了各个年代的典型变化，通过住房等几个变化最卓著的方面来集中展示。

### 5. 舟山的渔港人家——周家
**入选家庭：周信全家庭**
**籍贯：浙江省舟山市**

舟山周信全家来自东海之畔，住在中国渔都沈家门镇，离沈家门渔港不足百米。周家世代以捕鱼为业，也深刻感受到沈家门渔港自改革开放以来的发展。时代进步的同时，很多渔民都改了行，但周家却把捕鱼事业传承下来，第一代传第二代，第二代传第三代，伴随这样的传承，周家的渔船也发生了很大的变化，从最早用的小木船到现在的钢质大渔轮。周家的发展折射了整个沈家门的发展，乃至浙江海洋经济的发展。

周家四世同堂，家族人口近百。一家人关系和睦，处处尽显和谐。虽然历经"文革"，周氏家族的老房子依然完好地保存至今，家族的发展史及往昔的生活状态也被完整地保留了下来。

渔·家

展示作品的题材为"绿眉毛龙骨"、家庭的实物模型以及家庭生活视频。"绿眉毛"是中国古代四大名船之浙船的代表，取船的龙骨为作品的主要元素，家庭的实物模型完全复原一户舟山四世同堂家庭在不同生活年代的室内环境，视频也展示了四个年代的渔民家庭、码头、船以及生活大环境的发展变化。

### 6. 武义古村落里的书香门第——俞家
**入选家庭：俞凤法家庭**
**籍贯：浙江省武义县**

俞家所在的俞源村，以其保存完好的古建筑群、精心规划的村落布局而闻名国内外。这是中国唯一的"太极星宿村"，系明朝刘伯温设计建造。刘伯温改村口直溪为曲溪，以溪流为阴阳鱼界线设立太极图，还设计了村庄建筑的星象、八卦布局。俞源村至今仍拥有全国最大的太极图、最小的太极图，太极图总数居全国第一。俞源村被28个星宿包围，俞凤法家的宅院名为"六基楼"，是太极28星宿里的"牛星"，建于1800年，已有211年的历史。

俞凤法一家就住在这世代相传的"六基楼"里，其祖上是书香门第。72岁的俞凤法是村里的老党支部书记，也是中国历史文化名村、全国重点文物保护单位——俞源村开发第一人。土生土长的俞凤法对家乡充满深情，尽管已经卸任，但他自觉当起了俞源村的义务导游和解说员。

在俞凤法的卧室，有一张已有200多岁的清朝道光年间造的"床老人"，已经睡过五代人，尽管满是岁月沧桑的斑驳痕迹，但是它身上的雕刻图案依然活灵活现。这张幸福的床上雕着凤凰、仙鹤、大象、梅花鹿、松鼠和孔雀等多种图案。梅花鹿寓意升官发财，仙鹤代表长寿，大象代表气量大，松鼠代表聪明、机灵，孔雀则代表有个好彩头。床身通体大红，里侧有储物柜，雕刻得极为精致，整张床散发着淡淡的木香，令人心旷神怡，成为他们家的传家宝。俞源村还是个出名的长寿村，不仅因为山水，还因为文化、文艺，更因为有他们俞氏祖先奠定的"不仕进取，雅爱山水"的精神基调。这里有圆梦节、地方戏剧、俞源八景……

装置展示提取了"圆梦节"和"家居"这两个关键词来进行创作，并以俞家保存良好的老床作为设计载体。床是人们休息睡眠的场所，是人们进入梦乡的入口，而且是最为普通的家具。选用老床作为载体既再现了俞家淳朴的家风，也直观地表达了俞源村"圆梦节"与当地村民生活

圆梦

的密切关联，通过制作微缩模型的手法，将俞家老宅"六基楼"再现，放于老床平时放床褥子的位置。床顶安装的投影机，使得床板能映出影像。通过影像和模型的引导，使观众对俞家的生活有更深的了解，从而实现通过家庭的生活状态反映浙江村庄风土人情的最终目的。

家庭微缩模型

# 如何设计"浙江馆"

杨奇瑞

首先，笔者是一名当代艺术的创作者，就是采取"创作"的方式，注重创意、创造，把浙江馆当作一件作品来做。从雕塑造型专业的角度出发，笔者喜欢凝练、象征、概括的表现风格，并曾创作许多大型的主题性作品。由于长期从事公共艺术研究，积累了大量经验，已形成宽阔的视野。同时，作为中国美院公共艺术学院的院长，对多学科、多专业具有综合把握的能力。

笔者长期关注艺术与城市的关系，当今城市发展需要艺术找到创新的突破点，跨界、跨领域、跨学科的整合发展是今后的必然趋势。笔者参观 2005 年日本爱知世博会和 2008 年西班牙萨拉戈萨世博会后，感触很深。实际上，世博会能够综合地展示文明成果，是展示物质文明和精神文明的世界性平台。世博会是一个地区的展示，一个民族的展示，还是一个国家的展示。因此，我们做的浙江馆不但是浙江省的形象展示，从大的方面讲，也是中国形象的展示。

世博会同时也是和平、文明的见证，是软硬实力的交流和切磋，是人文视野和最新科技手段的展示，是引领未来的大比拼，是许多一流艺术家和设计师展示智慧和创意的大秀场，是跨界、跨学科的意识和方向的先导。从一定角度讲，它也是公共艺术综合表现的平台，包含建筑、雕塑、装置、影像，还有室内展示设计、环境艺术等，所以我们这些在美术学院从事教学和创作研究的人员来说极为看重这一点，也希望能有机会一展身手。

因此，我们要在这样一个大舞台上展示浙江的优秀文化，可以跟其他国家和地区的文化相媲美。本次上海世博会的主题是"城市，让生活更美好"。虽然每一届的世博会都提出了不同的主题，但归根结底都是关于人，关于家园，关于我们生长的土地、我们的环境、我们的发展理念等，只不过这次强调了城市。所以，要把这个项目做好必须涉及这些方面——把主题确定下来，确定好构思，拿出创意来，然后再精良地制作。这次世博会中国馆的每个省馆都有自己的主题，浙江是什么主题呢？浙江的城市特色又是什么？

大家都知道，城市是人类文明进程中的必然阶段。但是，每一个民族，每一个国家都有自己的城市发展特点，有共性，也有特性。所谓共性，在过去的经验中，很多城市的发展都是牺牲自然资源，以牺牲乡村和环境为代价，世界如此，中国也如此。根据研究，浙江应该是比较早地意识到这些问题的，近年提出"城乡和谐发展""城乡同创"的浙江城市发展模式与中国的其他城市相比，还是非常独特的，所以这就是我们寻找主题的依据。

其次，浙江的特色是什么？视觉意象是什么？只有把浙江放在全国环境的对比中，放在与国际的对比中，才能更加准确地确定自己的特色。在中国，如果谈文化，你没有历史、没有积累的话，资格就差了很多，所以要谈浙江，还是要谈历史、谈积淀。我们浙江的历史，尽管不像西北、中原、齐鲁所代表的黄河文明那样苍茫、粗犷，历史的氛围那样浓厚，但是浙江也有着 8000 年的悠久历史，所以我们一定要讲历史的长度、历史的厚度、历史的力量。

同样是古都，如果浙江跟北京比呢？北京也讲城市历史，讲城市文化，那我们的文化特点是什么呢？北京是皇城文化，它更多元一点，但是浙江要用"江南"这两个字跟北京比，比江南的意象、江南的雅致、婉约的意蕴，不

比多元、政治地位。那么同是山水，中国好山好水的地方多得很，比如三山五岳，比如云贵川。讲浙江，讲山水，跟它们比，比什么呢？山水和山水也不一样，他们的山水是大山大水、崇山峻岭、茶马古道，我们的山水是一种可游可居的山水。所以浙江的城市发展都和山水有关，这样的地貌特点就是可游可居，还有一份脉络绵长又系统的人文传承，我们要掌握这种差异性。

跟上海比，上海也是南方，处于长三角的核心位置，尤其是讲城市，上海是中国最有资格的，它比较早，也最完善。浙江的主题也讲城市，讲什么呢？我们不要进入误区，一讲城市就要展示城市规划，展现高楼大厦，那肯定要失败。因为论城市的精致程度，浙江跟上海没得比，上海是大气、国际、时尚、海派的都市，我们的定位就是自然、典雅又宜居的田园，杭州是幸福感更强的。

跟江苏比呢？都是江南，但是江苏是属于长江的冲积平原，它的山水都和平原有关，所以印象比较深的是私家园林、姑苏小镇，我们也有杭嘉湖一带，跟它们有点像；但是浙江多了山，都和山有关系，也有一些山村小镇，我们更质朴一点，更雅一点，更静一点，也更朴素一些，这都是我们的特点。

浙江要不要表现繁花似锦，处处鲜花盛开呢？笔者觉得这也不是浙江的特点，这是广东的特点，日照好、气候热，所以那边的植物长得茂盛。我们跟它比什么呢？浙江能跟它们比的就是"烟雨江南"，从我们浙江的水墨画可以看出，黑白居多，广东那边的山水画色彩居多，这也是一个特点。

根据这样的比较，我们基本上就可以找出浙江视觉意

象的定位，找出差异性。浙江应该说是"诗画浙江""山水浙江""宜居浙江"，浙江的城市是"城乡和谐共创"。我们的方案经过多轮调整后，最后确定为"幸福城乡，美好家园"。

　　笔者在杭州生活了30多年，对浙江的政治、经济、文化很了解，在设计浙江馆的过程中也做了很多案头工作，查阅了大量资料，看了很多关于浙江人的生活、浙江人说自己的艺术影像。前者是理论，后者是关于浙江人如何看浙江、外人如何看浙江，大约有一百多盘影像资料，这些案头工作为浙江馆的创作做了丰厚的积累。浙江馆是个投标项目，报名之初，笔者就判断我们的作品肯定能进前三。在创意出来以后，笔者就敢断言："要做，就是第一！"因为笔者确信我们独一无二的方案，一定能给浙江人民一个满意的答案。这是笔者对整件事情的判断，有着必胜的把握。当然，现在的设计也存在很多的遗憾，比如因为场地空间尺寸等的限制，现在看来大概有15%的创意和制作未能充分发挥出来，包括11个地市的实时传播没有实现，运作过程的某些细节方面等都不是很理想。

　　要把浙江馆做得有特色、精彩，笔者觉得第一步就要把浙江馆当作大馆来做。什么叫大馆呢？国家馆和主题馆就是大馆，他们都是上万平方米。浙江馆虽然只有600m$^2$，但是我们一定要当大的事情来做，以大的规格来对待，要把意识提高到这个程度，才可能做得大气和有品位。古人说得对，"取法其上才能得其中"，我们要在科学和艺术的结合上创新，力争达到奥运会那种震撼人心的视觉效果。

　　8年的筹备只为这一天。应该说，这是一个国家最高

水平的体现。笔者比较欣赏的是雅典奥运会和悉尼奥运会。雅典奥运会演绎的是在希腊发掘出来的史前人的面具，这个面具是千变万化的，在这里变出爱琴海的诸多岛屿，变出文明史上耳熟能详的一幕幕画面。这是一个孕育着国家文明、海洋文明的地方。笔者个人尤其欣赏那个田径场变成池水，3分钟放满，3分钟放完的创意，这个才情太高了，希腊的地理环境是海洋，它完全达到了象征的效果。

　　悉尼奥运会震撼笔者的是在水和火之间完成的"点火"环节。本来水火是不相容的，在这里却相容了，这样一个矛盾的视觉场面震撼人心，也成为一种哲学意义上的阐释。所以，要把浙江馆当作大馆来做，就要做到这样级别的思考和创意。

　　有了浙江馆的主题和定位，就必须找到属于我们的创意载体，作为浙江的符号象征。这个载体必须具备以下四个方面的特质：其一，包容性强，涵盖浙江的古今中外；其二，令浙江人觉得是属于自己特有的文化；其三，这种文化是浙江地方的，但也是中国文化的核心部分之一；其四，这种文化载体还可以成为国际语言，通俗易懂，是世界共有的。所以，笔者用了很长时间去寻找这个载体，寻找代表浙江的元素，最终方案落实在"碗"。

　　笔者本人对"碗"也情有独钟。2003年，笔者就做过一口碗，那是件钢做的雕塑作品，碗里装着土，钢的碗象征着工业时代，象征着这个时代的发展，里面的土象征着生命，象征着自然。整件作品寓意人和万世万物都是尘归尘，土归土，所以这件作品取名为"一抔土"。因为要承载古今，必须找到有历史感的容器，所以根据7000年

前河姆渡文化的考古成果，就产生了碗的造型。当时的檐口还设计出一些破损，象征着沧桑感，后来大家评论沧桑感不太像浙江，所以改为青瓷碗，碗里装着水。

浙江是山水城市，有八源汇流——钱塘江、苕溪、甬江、灵江、瓯江、曹娥江、飞云江和鳌江，有五水共导——江、河、湖、海、溪，所以这里的水象征着被其养育着的浙江，水上面的故事、影像和里面的声像内容都是围绕这样的理念来设计的。

选择"碗"还有另一个理由。碗给我们的印象是什么呢？第一历史悠远，第二它承载着我们的日常生活。再一点，人类对"碗"有着本能的亲切感，因为每天都要面对碗，当它作为日常用具时，你不会觉得怎么样，但是把它象征化地放在面前时，你不由会思考，碗就有这样的亲切感和启发性。

此外，碗看起来是有限的空间，它在一定程度上也隐喻了浙江空间资源的有限性，"七山一水两分田"，在如此局促的空间里，却可以创造出浙江这样一部辉煌的篇章，所以它是一个矛盾的关系，辩证的关系。再一个，从城市

主题上来讲，城市从某种角度上也是装载东西的器物，城市虽大，也可以把它看得很小。它装什么呢？装人，城以盛民；碗装的是饭，民以食为天，碗装的是生活。"城"和"碗"都是容器，它们之间的大小是可以转化的，都有包容性。碗虽说小，但可以包容一切，"有容乃大"，所以我们把"碗"，把浙江的十章，把浙江的历史、今天和未来都在这里演绎，发现它其实很大。

在确定"碗"的意象后，为什么改用青瓷碗呢？其一，7000年前出土的碗造型过于残破，不能反映浙江典雅、秀美省份的形象，应该找品质更接近的，所以大家觉得"青瓷碗"更能代表浙江。其二，"中国"翻译为"China"，"瓷器"也翻译为"china"，足可见瓷器是中国文化的首推代表。南宋时期，浙江龙泉将青瓷推向了巅峰，所以最后确定浙江馆的核心演绎是一口盛装清水的青瓷碗，我们把它命名为"宛若天城"，这个"城"是城市的"城"，也呼应我们的主题。杭州有"天堂"之美誉，"宛若天城"取谐音也有这样的意思。

如今的世博会已倾向视觉展示，没必要用太多的文字

一抔土 / 钢、土 /2003

表述。浙江馆的思路并非要一个面面俱到的长篇大纲来统领，其只能对设计产生僵化的教条式影响。要解读这样一个主题，必须通过视觉语言，以高度凝练的象征手法和意象表现来诠释。在确定了"青瓷碗"作为核心展示载体后，我们的设计必须控制在 10 分钟内，用惊艳的、不可思议的、魔术变幻的演绎方式来实现理想的艺术效果，给观众带来匪夷所思的视觉感受和心灵触动。

这是一个视觉饕餮的时代，观众对于大多数的视觉表演已经没有太多的新奇感。视觉冲击力不一定能震撼人心，因为在当今这个"山寨"版横飞的时代，复制、粘贴并不能做到。我们这次是将科技手段原创性地融于江南的诗情画意中，让款款深情穿越浙江八千年的时空，触动每位观众的心灵深处。我们依然要像变魔术一样，产生奇幻的效应，让观众参与互动，让他们感觉自己既是一名观看者，又是一名见证者，也是一名创造者。无论是浙江人，还是其他外省人，都要让他们觉得自己参与了这场演出。青瓷大碗里的核心内容就是"浙江十章"，我们用了 10个章节诠释了古往今来的浙江，即"河姆曙光""诗画之路""西湖揽胜""天下粮仓""城乡同创""浙江时刻""跨海天路""钱塘大潮""清香悠远"和"幸福城乡、美好家园"，这 10 个章节把浙江的古往今来史诗般地表现出来。这 10 个章节同样是以"水"为线索，由溪水到海水，再到潮水，体现城乡和谐发展、共创的发展之路。在这 8 分钟的时间内，每一秒都是我们精心打造的。当时找遍整个浙江省都没有高清的钱江潮画面，为了这短短 30 秒的画面，团队策划了一个月，为了不错过涨潮的那两天，自己租飞机去实拍了两天，打造了"升降无痕技术"，作品里一会儿是太空的视角，一会儿贴地飞行，实物升降与影像节奏精确一致。

浙江馆实际上是长 30m、宽 15m、高 7m，面积不足 600m² 的展示空间，与山东馆、安徽馆毗邻，对着的是黑龙江馆，因此在空间上受到制约。根据参观人流，处理方式主要有三种，即"流、批、散"——"流"和"散"就是展馆的前门、后门是开敞动态的，观众鱼贯而入、鱼贯而出，不涉及在展区固定的滞留时间；"批"处理，就像爱知世博会上的荷兰馆，一次大概进入三四十个人观看影像。我们要想把我们的抱负和理想在这个空间表现出来，任由观众们自由散漫不能达到我们的预期，必须让观众静下心来欣赏浙江馆的作品，所以我们采取的是"批"处理，当时的设计是每 15 分钟 80 人次。因为有这么多省馆，观众在里面待不了多少时间，必须在 15 分钟内完全表现浙江馆，完成我们的创意，展现我们的精彩。

同样是有限的空间条件，与其让观众走马观花像逛"庙会"一样，还不如设计一个留得住观众的精彩 10 分钟，这样的效率和质量更高。现在浙江馆的馆体外立面是"竹立方"，这也是经过了多次推敲确定的方案。馆体最早的方案是网状的板式结构，体现了"山水连丝竹"的意境，是最早通过的一个方案，后来为什么改变呢？因为浙江馆原来的外观方案是以亮取胜，但对面的黑龙江馆公示了冰雪世界的方案。黑龙江馆肯定是不遗余力地要打造亮度，虽然我们的"亮"就是为了透露山水，但这两个"亮"相隔只有 6m，所以我们立刻调整了方案，开始设计第二个馆体方案，再重新寻找浙江元素。之后又设计了十多个方案，比如门窗、门扇，中间还考虑过"瓷立方"的方案，即里面是一个青瓷大碗，外面用青瓷。但最终走到竹子上来了，"竹立方"，也就是现在馆体最终呈现的效果。因为馆体的形象很重要，各个省馆都围绕着馆体的第一印象做了很多文章。

为什么用竹子呢？

其一，浙江是一个郁郁葱葱的省份，竹子在"绿色浙江"中起了很大的作用，浙江人喜欢竹子；其二，竹子是有精神内涵的，寓意着生生不息，君子气节，而这种精神也正是浙江的精神。所以我们决定用竹子，虽然也有人建议用真实的竹子，但我们要把它变成充满现代气息的竹子，采用不锈钢网孔板材料制作，让竹子内部有灯光变换，产生四季的色彩变化。所以，在传统浙江人文底蕴和自然气息当中又增加了现代、时尚、自信的气质。

之前所提及的，浙江馆的空间组织并不是按照传统的布局，而是由"青瓷大碗"的核心创意自内而外衍生出来的，当中厅的定位确定下来以后，其实浙江馆的前厅和后厅都是围绕它打造的。前厅表现的是"梦幻江南""诗画江南""江南水乡小镇"，它包括两个影片——《诗画浙江》和《浙江十二钗》；后厅主要展示的是 6 户人家和 11 个地市的宣传片，反映的是浙江精神的传承。

前厅有一个特殊的结构，是浙江人非常熟悉的，类似江南小镇中粉墙黛瓦当中的一道白墙，好像社戏、乡间的影片演出一样，但是我们的荧幕比较大，约长 10m、宽 3m。这边我们做了江南小镇的缩影，让影片的影像反射在小镇的建筑体上，这个建筑我们没有用表现石、木那样具体的现实材料，而是做了镜面处理，为的就是让彼此呼应，让观众进入一个既熟悉，又陌生、梦幻、新奇的浙江

小镇。

浙江的小镇往往有顺着地势修建的特点，所以前厅入口的石板路有一个坡形，旁边桥下的潺潺流水，仿佛是从远处山涧流下来的，它源远流长，通江达海。同时，我们在水里面分布了 8000 年的浙江陶瓷文化的碎片，将历史意蕴和文脉都融在水里。所以当我们走在石板路上，看着旁边的水流时，不会简单地认为它就是一个装饰品，而是有很深的用意在里面。

它是一条历史的河流，也许它还暗示着浙江人通江达海、志在四方的情怀和精神。《诗画浙江》是以浙江古代的造纸为开篇，然后是《富春山居图》，王羲之在水边，写下千古名篇《兰亭序》，那鹅池里面水墨的鹅变成了真的天鹅，开始穿越浙江的山川古镇。传说中的浣纱女、古镇、佛教文化一幕幕呈现，乡下的新婚队伍和城里的游客们不期而遇的画面，展现了浙江的幸福生活。这里有城里的上班族，有浙江高校中国美院，这是时尚的浙江。最后再设想如果鲁迅看到了故乡的这些变化会做何感想呢？"地上本没有路，走的人多了也就成了路"，历史名人仿佛见证了浙江的城乡发展探索之路。

对浙江馆，我们不能只谈宏观，避免陷入生硬的宣传说教而不自知中，因此我们还加了一些符合"80 后""90 后"审美的时尚元素，就是《浙江十二钗》。这十二钗实际上是代表着浙江的 12 个著名的景点，自古江浙出美女，兰溪诸葛村、安吉竹海、嘉兴红船、龙泉青瓷、兰亭鹅池、衢州大樟树、临海南长城、绍兴社戏、宁波梁祝在前厅播放时，不仅年轻观众喜欢，老年观众看了也是大加赞赏。

后厅讲述的是 6 户人家的故事，6 户人家的选拔对浙

江馆的宣传起了很大的作用。我们和《钱江晚报》合作，通过征集，层层筛选，最后选定了这6户家庭，他们来自浙江具有代表性的不同地域环境。之所以要做6户人家，因为笔者想在浙江馆里融入一些真实、生动、可信、具体的东西。中厅的大碗，包括前厅那几部影片，都带有一点写意、抒情的特点，但6户人家就是实实在在的，要用他们来诠释浙江的幸福，诠释浙江的精神。那为什么要用6户呢？浙江馆的空间有限，要把浙江的一切拍下来，拍100集连续剧都不一定能讲述清楚，所以我们用了微缩法，将这6个家庭作为社会最基本的元素折射出浙江的发展。我们谈天下，谈城市，谈家园，其实最终的基本元素就是人和家庭，所以通过这些家庭可以达到"见微知著"的目的。

这6户家庭从采集、收集，到编、拍、制、装，耗时一年多，这个过程产生的影响很大，关注度也很高。我们的老师和学生们经过一年半的努力，像做考古研究、田野报告一样地去对待。

选择这几家是因为他们有地域上的代表性——武义的俞家世世代代生活在村子里面，基本上没离开过；生活在古镇小城的制鞋世家，是最普通的手工作坊家庭；周家是生活在海岛上的捕鱼世家；龙泉的非物质文化遗产青瓷世家张家，有几代人的传承；义乌的周家是浙商代表；还有丝绸之家——从大城市、小城市、县城这几个层面来反映浙江的发展。

例如，义乌的周晓光家庭，我们找到她就是想找个浙江民企的代表。这个装置的造型是一个鸡毛换糖的扁担，一头是框和拨浪鼓，一头是新光集团的企业大厦，周晓光一家人就住在这里面。三四十口的一大家人，还保持着创业期艰苦时代的生活方式，七大姑八大姨，吃住全在一块，这种也是中国的家庭观念和生活方式。这个扁担一头挑着过去，一头挑着今天，拨浪鼓作为影像的载体，演绎着他们家的故事。另外，每个房间里都有小模型，这不是房交会上的样板，而是能真实地反映出主人的生活特点。所以浙江馆不仅要有写意部分，还有写实部分，这也是大家非常喜欢的一个原因。

如果周晓光一家反映的是民企精神，武义的俞凤法一家折射的就是浙江的耕读传统文化。展示的他家的床是我们复制的，是他家主人俞凤法祖父的祖父传承下来的。床的重点在席子，席子是我们设计的一个影像，叙述这一家族的4个故事。观众可以互动，点击他家的4个故事——"与太极村""采药生活""当医生的生活"与"天伦之乐"四个章节都在这里，所以这个创意是非常引人注目的，而且特别浙江化，特别中国化。丝绸之家的汪家，汪家的《四世同堂》雕塑现在还在中山路，中央电视台都做过几十分钟的专题。之所以选择他们，其一，他们是丝绸之家，一个大家庭；其二，他们是一个杭州传统的商业之家，有代表性。观众可以按动装置上的4个互动键，20世纪70年代、80年代、90年代和21世纪，所有的照片内容都会跟着变化，传达不同时代的信息。

临海的制鞋世家，这个作品被称为《天翻地覆》，设计中横的是一个圆，纵的是一个圆，构成经纬，互相对应，转到某一个章节上面的画面就对应这个时代。大家都知道北有北长城，南边有一段很重要的长城在浙江，就是临海的南长城。南长城脚下有一个古城，古城内有一个古街，古街有一个鞋铺，讲的就是这个故事。他们历经了城市的兴衰和变迁，通过长城脚下的故事带出一个大的时代背景。他们家在紫阳古街上是做鞋子的，装置中的鞋子只有指甲盖那么大，但是做得很逼真。这也可以反映出浙江的东西非常精致，不能因为追求大气，追求抒情和写意，就忽略了精致的东西。

再如舟山打渔的周家，透明的大船模型上有三条船，最早的是小木帆船，只能在近海附近打渔，后来发展成再大一点的船，现在可以远洋了。捕鱼世家虽然还在过着同样的日子，但是他们的交通工具发生了翻天覆地的变化，这是"海洋浙江""经济浙江"生活的缩影。

在后厅一层还有一个很受欢迎的装置，就是龙泉的青瓷世家，反映的是龙窑的工作场景，国家级青瓷大师张绍斌一家几十年来的家庭变迁模型就在这里。从正面三个孔往里去看时，龙窑内部是一个小型的综合装置，是实物装置和影像结合起来的效果。除了烧制青瓷用的匣钵，还有一部实拍和后期特效合成的片子，在这里可以让观众读到青瓷的故事，青瓷的神话传说，青瓷是怎么烧制成的，这个过程很吸引人。另外龙窑还有温度的设置，当人把脸凑进去，有热的感觉。

这就是用6户家庭来反映的浙江生活。当时世博会的其中一个主题馆，也有一个是反映世界上6户家庭的，他们是用1:1的真人缩成的蜡像，但再比较一下我们浙江馆的6户家庭，确实不一样，我们有自己的特点，有象征性。它的符号很中国化，很地方化，关键是这些设置，这些内涵，它的微缩模型和影像非常现代，这些都深受好评。

后厅还有杭州、宁波等11个地市的宣传片，以及我们拍的"网络浙江""海洋浙江"和"天下浙商"这三部片子。在浙江馆600m² 不到的空间里，我们做了26部独立的影像作品。其中有11部是各个地市提供，由我们后期剪辑加工的，这11个地市各自的宣传片，让每一个来浙江馆游览的浙江人都可以找到自己所属地市的位置。

浙江馆的后厅还有两个小型的展示板块，一件是1929年杭州西湖博览会的资料，反映了浙江人办大型博览会的历史。大家在评价当年教育馆的建筑时，都说和今年的中国馆有点像，其实他们在汲取中国元素上有异曲同工之妙，这些就是告诉观众浙江的文化底蕴深厚，浙江文化和现代接轨是由来已久的。另一件展品是浙江商人在巴拿马博览会上得金奖的辑里湖丝，以及荣誉证书。

参观结束以后，观众都可以到后厅服务台区，品尝一碗用江浙第一高峰原生态的水泡制的龙井茶，小碗的碗底有"2010年上海世博会浙江馆"的纪念印章，等观众喝完了茶，小碗可带走。有人说这一碗茶能解决什么问题呢？关键是它配合浙江馆整个参观活动，在欣赏了中厅激情澎湃的视听感受后，再品茗一碗茶，这和平常喝茶的效果完全不一样，这也是浙江馆在世博会上一个绝对的亮点。我们为这个活动花了很大的心思，50万件小青瓷碗要在世博会上发放，就是让这50万拿到青瓷碗的人都有一件传家宝，这件传家宝的意义就是浙江文化的赠予。

浙江馆的创作团队并不是一个庞大的设计团队，而是在过程中逐步扩充的，诸多工种合理安排，包括邀请国内一些有实力的合作单位参与。在这个合作过程中，发生了许多紧张惊险的故事，最深刻的莫过于离世博会试运营

20 天出现的技术故障。因为世博会场地设计的荷载要求，青瓷大碗内的水必须用其他的填充物替代以减少单位面积的重量，当时施工方提出的第一轮方案是采用泡沫填充减少水的体积。可是当水一注入，泡沫就都浮起来了，方案失败。施工方又出了一个采用防水层密封泡沫，固定于碗壁的方式，但还是因为漏水行不通。最后商议的方案是采用手工，也是最可靠的钢板覆盖、螺栓锚固法。但这个涉及焊接动火，在 20 天以前，世博局已经明确规定不能动用明火，因此我们需要特别申请才得以把这个问题解决。因施工造成的失误浪费了很多时间，以致后期的调试时间被极大压缩，我们只有夜以继日地加班加点，才确保了最终的展示效果。浙江馆设计团队里的郑靖老师一直驻扎在现场督工，敬业负责，参与了多方面的协调，体现了青年教师的优秀水平和素质。

当然，在这个过程中，也有很多精彩的创意都来自偶然的灵感。比如 4 月 30 日，正是开馆前一天，在调试过程中，笔者突然想到在中厅"宛若天城"开始的时候在大碗里释放烟雾效果，结合灯光，祥雾缥缈，观众可以看到自身的形象犹如置身于仙境般奇妙，开始"精彩浙江"8 分钟的体验之旅。

在本届世博会上，科技的运用比比皆是，全面超过了 2005 年日本爱知世博会，但是技术就是技术，设备就是设备，不能等同于艺术语言和精神层面的东西。浙江馆最大的贡献在于实现了艺术与科技的融合，将科技融合成为独特的艺术元素，创造出全新的视觉经验，并原创性地破解了诸多技术难题，使之成为世博会展馆的突出亮点。

笔者一直主张以"创意"为先导，坚持独立思考的价值，要在新的语境下体现中国传统文化与现代科技的精彩交融。浙江馆的特殊性在于其展品，展项涉及范围之广，内容之繁是前所未有的，所有的展示都是围绕核心创意理念，涉及装置、建筑、影像、雕塑、结构等诸多设计，并将声、光、电、水、机械运动与视频图像交织融合才能实现最终的演绎效果，满足了观众在视、听、嗅、触等感官的体验幻想，所以浙江馆可以说是当代中国公共艺术的一次大演练、大示范，是智性与技术的双融。

浙江馆的整个创作团队规模不大，由于是投标项目，成功与否难以明确，参与竞争就要付出代价，笔者不想让它成为学院的负担与压力，最初是以"独乐·众乐"创作社自由团队的名义参标，做着做着，最后一看都是学院的人员，也就成了以公共艺术学院的名义了。整个创作团队先后仅十多人而已，郑靖、李玉普、叶雷、郭佳龙、阮悦来、叶菁、胡沂佳、张俊、张艳、孙士杰和常德军，每个人都各司其职，非常敬业负责，教学相长。在过程中，他们发挥聪明才智，青年教师们也得到了前所未有的锻炼，笔者的家人也给笔者提供了诸多创作的灵感。参与 6 户家庭制作的毕业班同学，很珍惜这一次难得的实践机会，他们克服种种困难，圆满地完成了自己的学习任务，取得了优异成绩。另外，公共艺术学院的领导班子和广大教师，也给予了充分的支持和理解。正是凭借整个团队两年多来充满激情的投入，围绕理念服务，形成高效、严密的工作氛围，在恢宏思考的同时，时刻谨记精致到位的细节设计，才造就了浙江馆今日的成绩和影响。

写于 2010 年 4 月

# 第 2 章

# 韩国丽水世博会中国馆和
意大利米兰世博会中国馆概念方案

## 一、韩国丽水世博会中国馆

### （一）方案征集背景

丽水世博会于 2012 年 5 月 12 日~8 月 12 日在韩国海滨城市丽水市举办，为期 93 天。

此次世博会的主题为"生机勃勃的海洋及海岸资源多样性与可持续发展"，三个副主题分别为："海岸开发与保护""新资源技术"和"创意海洋文化活动"。

丽水世博会为中国提供了一个重新思考和建立与海洋和谐关系的平台。中国馆的展出以可持续发展为主线，从海洋和海岸的开发与环保、海洋科技、海洋文化三个角度诠释中国海洋事业的发展理念。

### （二）设计主导思路和理念

#### 1. 设计主题演绎和主导思路

中国馆的主题是"人海相依"。"人海相依"是人类古老永恒的主题，悠久的华夏文明、辽阔的中国海疆铸就了中国灿烂的海洋文明，诠释着人海相依的主题篇章。"人海相依"表现了中国的文化境界与包容，体现了中国人民保护海洋的责任与担当，开发海洋的睿智与创造力。

基于此，在研究了韩国办展的空间与施工条件、世博会的展示特点、观众流等诸多因素后，设计团队提出几个设计目标和基本思路：

（1）通过展示表现出主题的丰富内涵，在整体氛围与表现上塑造出中国馆的丰满形象。

（2）本方案与以往中国馆的设计风格有所区别，本次着意打造中国诗情画意的形象，表现出朴素与包容、禅定与儒雅、现代与时尚的特点。

（3）在与时俱进、日新月异的国际展示艺术环境中，突出中国展示艺术的智慧，即将独创、文化、艺术、科技、观众等关系要素融为一体，打造中国馆的亮点。

（4）在内容设计上，尽可能丰富、多元，体现中国海洋历史的内涵，体现中国今天的成就以及朴实而美好的人居生活特色。

（5）在空间设计上，充分而巧妙地利用有限的展示条件，有容乃大，以有限的空间创造无限的内涵意蕴。主辅兼具，布局合理，重点突出，亮点惊艳，功能得当。

（6）在创意与艺术设计方面，根据已有的世博展示经验和对成功案例的分析，如英国馆、德国馆、俄罗斯馆等，从中得出新的启发，在设计中升华我们的创造性，打造第一印象的亮点，即为观众带来独一无二的视听感受，让他们知识、趣味、审美、丰富的体会与收获，对中国馆形成值得回味的诗情画意、精致品质、大国境界、国际语境、人性文化、创新智慧等整体印象。

**2. 设计理念**

（1）馆体方案设计理念

让观众有中国特色、中国诗意、中国的书卷儒雅之气的第一印象，造型上独树一帜，同时包容着东方特色。

（2）核心主题演绎的设计理念

此项为中国馆之重点，设在 24m×14m×8m 的馆内空间里。独创的液体屏幕加实物艺术装置无痕升降技术，加上主题内涵丰富全面的十章内容和观众互动技术装置，将内容主题、科技艺术、观众体验巧妙且自然地结合起来。

（3）丰富多样的普通展项设计理念

普通展陈有以下特点：主题内容的详解、概览丰富和可品读。

**3. 设计创新的体现方式**

馆体、核心演绎的立面方案易位使用，多种变体彼此间可兼容、可通用、可易位互换。

普通展陈可独立也可变化，互为载体，也可互换位置，所以提出"一个主题，两种馆体风格，三个核心演绎方案，两个空间布局"的表现方式。

**（三）中国馆设计内容**

**1. 馆体外观造型**

（1）馆体方案一：《中国册页》

馆体由一本展开的册页（馆中馆的特点）围合而成。它像一本充满书香与诗意的中国典册，上面书写着中国绵延不逝的海洋历史，有丝绸之路的古老地图、造船法式的简绘。它像片片风帆，也像优雅屏风，围合起来后，简约、现代、方便组装，在世博会上符合馆中建馆的轻巧特点。轻便册页的封面和封底恰好形成两扇门，上面图案是中国传统的云、浪。观众在馆外就可在册页阅读到中国传统海洋文化。

入馆以后，观众可以看到册页内部的页面上由光影斑斓的蓝色大海效果取代，观众仿佛置身于幽幽书韵的蓝色

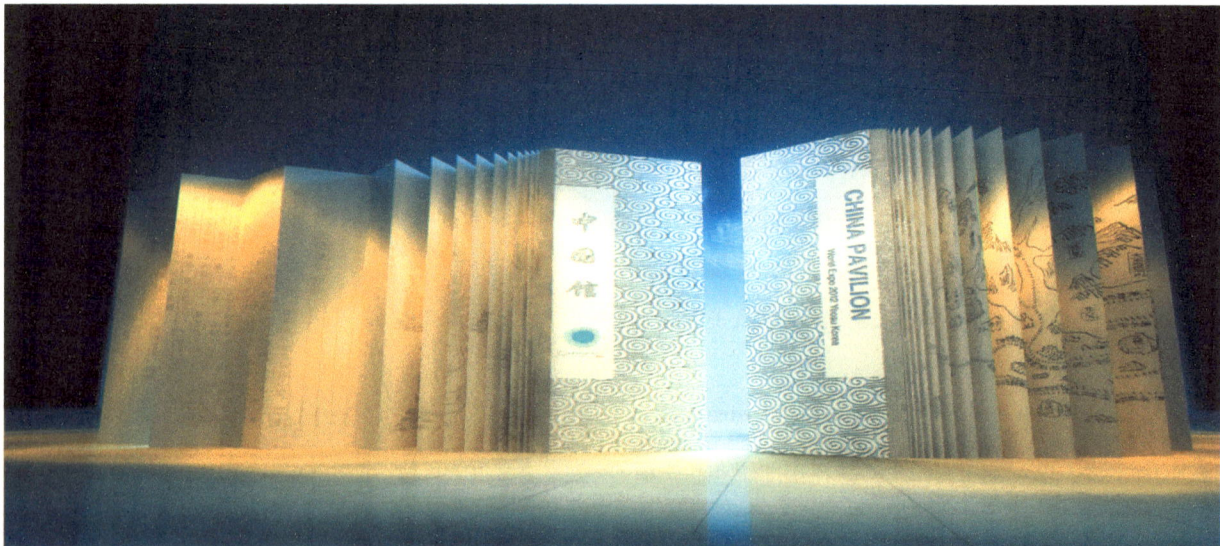

中国册页 / 馆体方案一

海洋中，书写着蔚蓝的时代篇章。在起伏曲折的册页上，设置许多视窗，它们像海上巨轮的窗弦，变幻着窗外景象，演绎着海港城市的今昔。

（2）馆体方案二：《海阔鱼跃》

此方案将中国特有的传统水浪鱼纹图案结合起来，围合成中国馆体造型，表现中国文化中"海阔凭鱼跃"的意象。名谚"海阔凭鱼跃，天高任鸟飞"表现的是中国人的

海阔鱼跃 / 馆体方案二

高远境界与浪漫情怀，世博会上的《海阔鱼跃》也反映了中国乐观、豪迈、自信的气质，以及天人合一的海洋生态观念。此方案的关键点之一，是其内部每条小鱼上的点位之一都是悬挂于框构架上，风动装置启动后，馆体上的鱼浪纹有蜿蜒起伏的动感，形成波光粼粼的效果。此设计既具象，又有现代感和亲和力。

## 2. 主题核心演绎

### （1）核心演艺厅外立面：《波影渔村》

波影渔村 / 方案一

波影渔村 / 方案二

（2）主题核心演绎

方案一：《时空漂流 穿越古今》

时空漂流 穿越古今 / 核心演绎方案一

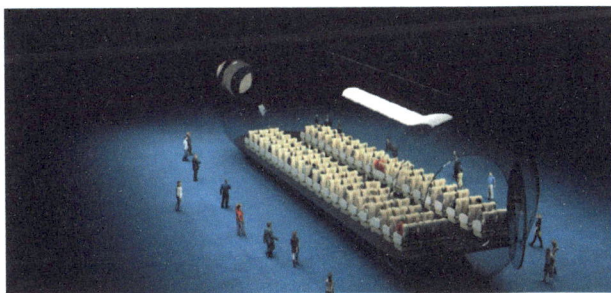

时空漂流 穿越古今 / 核心演绎方案一

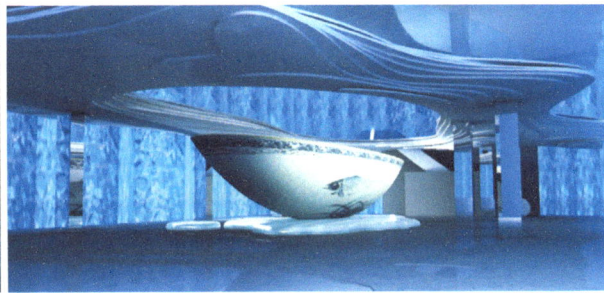

青花瓷船 / 核心演绎方案二

穿越时空，漂流古今，该设计的独特之处在于用一只漂流瓶作为观众参与互动的载体，瓶外以360°影像配合实物装置形成拟真效果，加上动、荡、浮、升、降等动感模拟，达到新颖的穿越与漂流的体验。10分钟的演绎使观众感受到的是18个章节的浓缩内容，完整地体会到主题"人海相依"的精神与内涵。

现代人都非常熟悉海洋馆隔窗观望的体验，但漂流瓶传达的是想象空间与体验空间不可思议的结合。

本方案将科技手段转化为创造性的艺术语言表现，10分钟令观众如历五千年历史，如行两万里海疆。中国海洋的前世今生，古往今来的亲密接触。审美性、知识性、新颖性、创造性浑然一体，其中运用了笔者团队独家拥有的双逻辑曲面投影技术、升降无痕技术装置艺术。

方案二：《青花瓷船》

海底考古后发现，古代中国的海上丝路沿线，沉睡着许多宝物——中国青花瓷。

青花瓷见证了中国海洋历史和中外交往史。我们常可见流传下来的青花瓷船，因此，本设计是将青花瓷船的元素设计为"碗船合一"的现代造型，代表了上述的内涵——有着鲜明的中国形象，清丽、优雅而现代，时尚大气，流光四溢。

最重要的创意是船内盛满清澈的"海水"，这船海水是人与海相依为命之水。人常言，大海辽阔，再辽阔是蓝天，最辽阔是人心。海虽大，之于人来说，就像生活中的池水，值得欣赏与呵护。这体现出中国哲学观里大小之间的辩证关系。海水载舟，舟亦可载海水，象征人与海之间的依存关系。

演绎开始后，船内的水变为一个20m×5m的大屏幕。将演绎主题的十几个篇章内容，运用独创的技术、液体屏幕、曲面无缝拼接影像以及实物艺术装置升降无痕技术表现出来。观众将获得知识、艺术、创意、思想和新奇的全新体验。

为了使船的形象地位更加突出，设计中让它落在地面的水珠上，使之更为诗意、轻盈。

方案三：《畅海神游》

本方案的创意在于，主题影像演绎厅360°影像内容结合影像装置，表现了主题的14个章节内容，特色在于观众站立的互通平台，是礁石，是海龟（传说中的神龟、海滩的结合体）。内部的装置设计使它可以给观众带来不同的体验与感受，观众初踏其上以为是站在礁石上观海，当演绎开始后，礁石便变为海龟，并由神龟带领观众进入奇幻之旅。中国神话般的沧海神龟再现，它带着观众置身于神话中。方案将中国文化深沉的奇妙感与现代环境结合。演绎结尾，海龟又变成了沙滩，使观众回到现实。

畅海神游／核心演绎方案三

**3.核心演绎章节内容**

第一章 海市蜃楼

第二章 渔舟唱晚

第三章 鉴真东渡

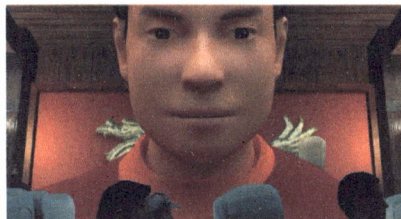

第四章 奇遇郑和

第五章 海上丝路

第六章 西方使船

第七章 天才渔民

第八章 深海探索

第九章 南极科考

第十章 鲲鹏万里

第十一章 海上石油

第十二章 跨海大桥

第十三章 东方大港

第十四章 美丽海滩

## 4. 技术解析

核心演绎区采用独家原创的液体屏幕、双逻辑曲面成像、水面升降无痕等技术，通过精心的结构设计，结合计算机程序控制，实现魔术理念与现代科技的完美融合。观众由位于瓶尾处的可升降步道进出瓶体，瓶体底部设置六自由度动感平台，使观众能够随着情节的推进感受到多个维度的动感空间体验，为了增加演绎的层次感、空间感，达到多维表现的综合艺术效果，本方案设置了大量机动装置与特效装置，根据情节的需要营造出身临其境的艺术体验。

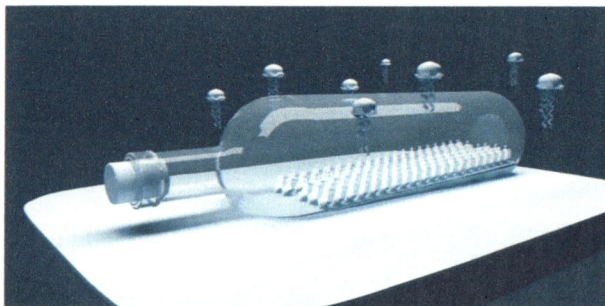

水母模拟

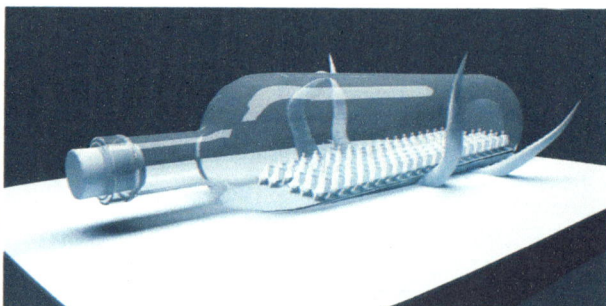

章鱼模拟

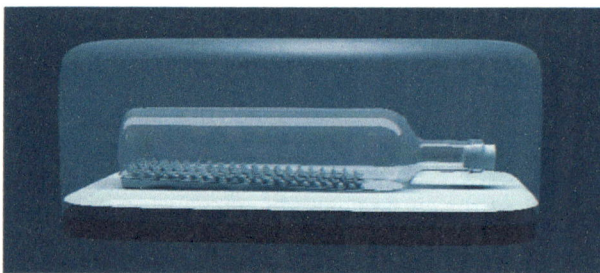

曲面成像

水流模拟

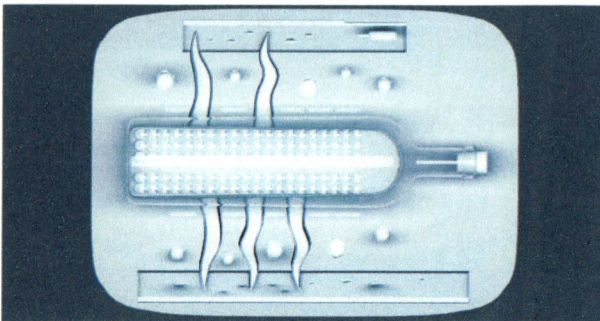

装置布局

内部观众视角

**5. 固定展陈部分**

**(1)《丝路今昔》**

展示了古代中国著名的海上丝绸之路沿线城市的今昔变迁。海上丝绸之路有两条：一是东海丝路——从山东半岛的渤海湾海港出发，到达朝鲜，教其民田蚕织作；二是南海丝路——起点主要是广州、泉州、宁波，经南海、波斯湾、红海，将中国生产的丝绸、陶瓷、香料、茶叶等物产运往欧洲和亚非其他国家，而欧洲商人则通过此路将毛织品、象牙等带到中国。古代的海上丝绸之路今日有了全新的面貌，《丝路今昔》采用了互动多媒体等展示手段使观众参与，生动展示了今昔海运的繁荣。

**(2)《八方渔家》**

万里海疆，中国的渔村各具特色：泉州渔村，古建筑别具一格，奇特的民俗习惯更是闽南沿海的一大奇观；兴坪渔村，村中房屋青砖黑瓦，坡屋面、马头墙、飞檐、画栋、雕花窗鳞次栉比，结构独特，具有典型的明清时期桂北民居特色，距今近 500 年历史，仍保存完好；双廊千年古渔村，高天流云，"目极湖山千里外，人在水天一色中"，是不可多得的千年白族古渔村；霸山古渔村，村庄树林清幽，礁石魔幻，岗楼威赫，是一个具有独特幽林、古堡、碧海以及渊远村史文化的自然村。

《八方渔家》以美轮美奂的展示手段，运用互动高科技手法，把中国渔村淳朴、纯净、自然、生态的风貌展示给世界。

**(3)《科考站长（室）》**

此处展示了南极科考站长的工作环境，以互映科技展示科考人员真实的生活环境以及相关知识。

八方渔家

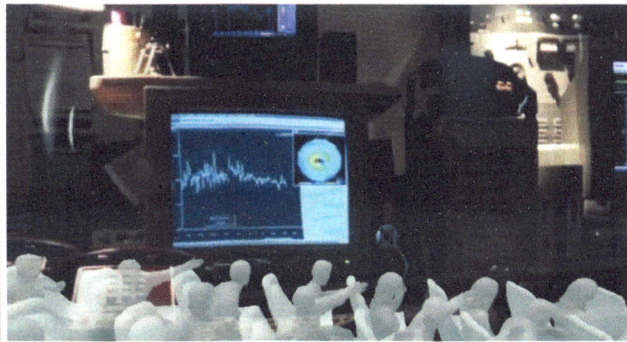
科考站长（室）

四海之石

深海探测

中国海港

（4）《四海之石》

此处为实物展陈，展品均为中国万里海疆著名的海边礁石、石刻。

（5）《深海探测》

此部分有模拟操控、海底探测、采集等效果。

（6）《中国海港》

展示中国十多个著名海港城市。天津港是首都北京的海上门户，也是亚欧大陆桥最短的东端起点；上海港是世界著名港口；宁波港、舟山港是深水良港；温州港是千年之港；广州古港是中国对外贸易的重要港口，是中国古代海上丝绸之路的起点之一；湛江港海岸线绵长，港湾密布，是得天独厚的天然良港；海口港具热带滨海天然风光，海水清澈透明，阳光明媚；三亚港有"东方夏威夷"之称；厦门港是我国东南沿海重要的天然深水良港；泉州港在历史上曾以"三湾十二港"著称；连云港港，"烟霞散彩，日月耀光"；大连港位于辽东半岛南端的大连湾内，港阔水深，冬季不冻，万吨货轮畅通无阻；香港港，中国天然良港，远东的航运中心，是全球最繁忙和最高效率的国际集装箱港口之一；高雄港吞吐量曾高居世界第四位。

## 二、意大利米兰世博会中国馆

### （一）方案征集背景

意大利米兰世博会于 2015 年 5 月 1 日～10 月 31 日在意大利米兰市举办，为期 184 天。此次世博会主题为"滋养地球，生命的能源"。米兰世博会为中国提供了一个展示我国农业、食品和可持续发展理念的平台。

### （二）主题诠释及设计原则

**1. 主题阐释**

2015 年意大利米兰世博会中国馆的主题是"希望的田野，生命的源泉"。中国地域辽阔，幅员宽广，气候条件复杂多样，物种资源丰富，有着灿烂悠久的农耕文明和

农业文化，杂交水稻之父袁隆平的科技创新等更为解决世界粮食问题提供了突破性的经验。中国馆的主题总体上融合了中国农业可持续发展、环境保护、食品健康、国民需求等热点问题，而根植于农业科技发展基础上高效的粮食供给，正是中国人民对人类及未来社会的贡献与期许。

### 2. 核心线索

基于对主题的解读，制定了本方案的核心线索：

（1）展现中国农业文明中对自然和田野的尊重与感恩；

（2）从农业和生活出发探讨如何创造与自然和谐相处的方式；

（3）解读从民族生存到人类生命所触及的源泉与希望。

### 3. 设计原则

（1）巧妙地利用空间，创新展示形式；

（2）在保证整体效果的前提下，突出重点，不求大、求全；

（3）通过智慧与创意，为观众留下深刻印象；

（4）材料与工艺的选择需充分考虑异地建馆的施工条件与建设成本投入；

（5）选用价廉的原生态可降解竹纤维作为馆体与室内装饰主材料，削减回收运输成本，从而优化项目性价比。

### （三）展示设计概念方案

### 1. 馆体外立面

馆体外立面方案名为《华夏盛宴》，选择"瓷碗"作为馆体设计的主要元素，"碗"是中国饮食中的重要器皿，与中国饮食文化的实用性相结合，是"自然"——"田野"——"农耕"——"食物"这样一条生态链末端的象征符号。作为世界上人口最多的国家，中国推崇并致力于解决13亿人口的温饱问题，这也是中国为世界作出的重大贡献。在此，"碗"象征着基本的温饱问题；同时，"碗"也寓意容纳与承载，承载中国的历史、自然与人文，反映了中国文化博大的特性。而瓷器作为中国的传统造物精神的凝聚，最真切地反映了中国人处理人与自然关系的根本方式。

中国馆馆体是由田野中四摞叠起的高低错落的瓷碗连接、绵延而成，碗的底部与蜿蜒于麦田中的水系相连。它象征一场饮食与文化的华夏盛宴，开敞空间略有起伏，配以成片的庄稼，表达田野的意向，呼应了中国馆的展示主题。馆体外立面采用轻型击孔扣板或有中国特色的竹编材料进行拼装，内部的灯光装置可在夜晚幻化出多种青瓷纹样，将东方意向的民族符号与通透现代的材料科技结合，营造出中国馆简约、现代，又不失传统和意韵的外观特点。中国馆馆体整体巧妙地利用了击孔外立面与活动内墙的夹层空间。

## 2. 馆体分区

中国馆总体分为四个区域：序厅、主展陈区、主题演绎区和空中园林。

（1）序厅

序厅展示内容为《自然的馈赠》，展品侧重我国悠久的农耕文明、多样化的农业生产布局、传统与现代技术相结合的绿色经济耕作方式，突出中国文化中对"自然——土地——田野"的孕育和抚养生息的感恩。序厅顶部，以云南哈尼梯田为纹样基础进行艺术化吊顶处理，梯田的水面部分采用镜面镀膜幕墙玻璃，白天可直接将日光引入室内进行常规照明。为保证序厅的缓冲区功能，地面空间不设计展示内容，充分利用圆弧形立面，针对展项主题设置不同内容的互动现成品艺术装置墙，将农作物与相关特色农具进行组合，在表现多样化作物的同时，也结合二十四

序厅

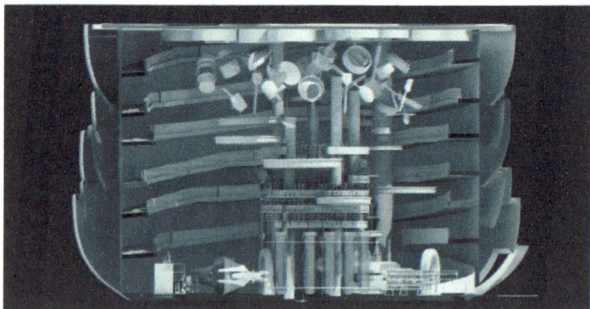
主展陈区

节气，展现中国传统农耕文化的历史。

（2）主展陈区

中华文明不仅感激和尊重自然，而且在从古至今的农耕文明发展中，一直在探索和实践与自然、田野和谐相处的方式。此展区将中国当下的农业科技、饮食文化乃至在农业文明影响下的宇宙观、世界观做了逐一解读。中国馆主展陈区充分利用该区域建筑的中空结构，对展项进行垂直布局处理。观众可在沿螺旋缓坡行进的过程中感受到移步换景的效果。主展陈区重点展示《未来的智慧》和《民以食为天》两个重要展项，展品自下而上依次为：《袁隆平水稻实验室》《立体种植与无土栽培等现代农业科技》《主食烹饪及八大菜系》和《中国特色茶文化》等。展品采用悬于空中的艺术装置造型结合影像特效，生动形象地

演绎各展示要点，在相关艺术装置所对应的缓坡空间及墙面上设置对应的具体阐述信息与必要的实物展示。

（3）核心演绎区：《自然的润养》

我们尊敬自然和田野，我们创造与自然和田野的和谐关系，因为我们相信它是生命的源泉。源泉之于生命就像根系之于生命，作为核心展项，该展区以穹顶变换出现的各种实体造型以及中心大型根状装置和主题影片相结合的展示方式，表达中华农业文明中"生命"与"源泉"的生息和希望。

人们都非常熟悉俯视大地的生活体验，我们的主题演绎将科技手段变为创造性的艺术表现语言，以魔术的理念将审美性、知识性、创新性完美结合，使观众身临其境地感受在土壤之下体会地球的滋养，见证生命奇迹的神奇经历。

① 演绎内容

第一章天赐乐土、第二章古老智慧、第三章滋养生命、第四章守望田野、第五章科技之光、第六章美食盛宴、第七章歌舞欢庆、第八章东方意韵。

② 技术解析

本方案的独创之处，在于利用展示空间上方的穹顶荧幕，作为观众参与互动、穿越时空、观看世界的载体，穹顶与屋面之间的夹层空间里隐藏了多组机动装置造型，配合影像内容交替出现。中心区域设置了一粒种子和一个可以变形生长的巨大根系，完整表达"希望的田野，生命的源泉"的精神内涵以及"润养"的演绎主题。

（4）空中园林

主展陈区的顶层露台设计为极具中国特色的空中园林。观众循坡而上，经过《袁隆平实验室》《未来的智慧》《民以食为天》，最后登临平台，畅游中国园林。这样体现出中国农业文明中与自然和谐相处的方式，由形而下的农业科技、饮食需求一直上升到最终形而上的自然观、世界观，并集中反映在中国园林的造园审美中。观众在空中园林稍事休息后，顺着下行缓坡可回到展厅底部，在长177m面积610m$^2$的下行区域内，设置了中国各省、区、市的特色农贸展销区，合作单位展示区和中国馆纪念品销售区。轻松采购纪念品后，观众将由下行缓坡到达出口，离开主展陈区。

核心演绎内容

核心演绎内容

# 杨奇瑞谈世博会
# 三个展馆的创意（节选）

杨：杨奇瑞

臧：臧雪

采访时间：2018 年 12 月

臧：浙江馆面向全球招标时，有没有像任务书一样比较具体的要求。

杨：有个简单的任务书，很笼统。无非是展现浙江的历史文化、今天的时代精神，这些东西都具公共性。那么就要了解哪些是浙江精神，要梳理哪些浙江故事？当时共有 14 家单位参与竞标，有国内的也有国外的，我从一开始就相信，我们最后一定能赢，因为我们找到了那个独一无二的点。尤其是从文化代言的角度，这个馆要为一个民族、一个地方做代言，所以绝对不能出现任何文化上的诟病和误解，这个"碗"几乎是无懈可击的。从找到这个"碗"到最后方案被定下来，经过一年多的时间，我一直觉得我们赢在"碗"可以兼顾所有方面。所以省委负责人一看就说这个方案好，一下子激活了人们的期待和文化共识。

臧：您刚刚说一下就找到"碗"这个点，您觉得这个"点"后面的支撑是什么？是什么让您一下子就觉得这个东西肯定能行，肯定能赢到最后？您如何建立起这个预判的体系？

杨：我觉得这个体系是基于对当时的政治、文化、思想意识、审美、价值观的综合判断。比如世博会能展示的是什么？世博会就是展示创意，有些国家重在参与，不要什么创意，纪念品摊在桌上，人们很好奇地买点东西。这种世界级的展会是一个国家的形象，是比赛国家的实力，这个实力是靠许多文化智慧体现出来的。那些有自我要求的国家，有文化和艺术传统、有共识的国家，比如许多欧洲国家、美国、日本，他们知道什么是好的创意。而中国在以往很长一段时间里都没这样的共识，觉得能把土特产带到世博会就已经算不错了。在当时，有一部分领导是了解的，比如当时的浙江相关负责人在 20 世纪 90 年代的时候参加过汉诺威世博会，他开始以为世博会就是卖东西，搞展品，结果发现里面全是在讲文化。文化、历史、人民生活环境和社会价值观的审美以及人们的心理期待，综合在一起，形成具有代表性、独一无二的创意，做到了这个就一定能成功。我做这种项目，基本都按这个要求去做。当时，我们国家对世博会的认识还相对落后，大部分人没有这个意识，不能区分什么是艺术创造，什么是装修，什么是货摊，什么是借鉴，什么是抄袭。我们不能用堆砌和罗列的方式。什么叫堆砌和罗列呢？就是明明一个东西可以解决的，但由于一个东西达不到效果，再添加一个或者多个，其实只是重复，并不是概括、优化。这不是我所追求的举重若轻、大道至简的境界。好的艺术是举重若轻的，看起来它有这么多容量和要求，但呈现出来的东西，就是轻轻一下子，点石成金。

**臧：** 可以说浙江馆是您第一件集大成的、综合创作的作品。

**杨：** 对，你说这个集大成和综合，是我做这个事情的兴趣点之一。因为我的本业是做雕塑，雕塑是一件一件的，是静态的，观众和雕塑的欣赏关系我总觉得有局限性。所以我一直想做更大可能性的尝试，那就是综合。把各种艺术媒介结合起来，做成一件事情，浙江馆也是我在这个阶段

的一个追求，证明我们不仅雕塑可以做得很好，综合的东西也可以做到极致。这种综合展示原来并不属于我的领域，但是在别人已经熟知的领域里，我依然有我的判断，我也可以做得更好。这个来源于我自己掌握的综合知识、审美，还有国际视野，或者说匠心独运吧。

**臧：** 那您觉得浙江馆实施出来跟您想象的基本一致吗？是超越了您的想象，还是没有达到？今天您再回过头去看的话，有什么评价、总结或展望吗？

**杨：** 应该说是超出预期。之所以能获得比较理想的分数，首先就是它的完整性，综合的效果能达到。序厅、中厅、尾厅，所有的要素都非常自然统一。风格、水准、流畅程度，整个关系非常理想。馆体的"竹立方"也很独特。中国台湾作家李敖在毛威涛的陪同下来参观，一来就说这个馆体的设计很漂亮。因为从来没有人像我那样去处理竹子。现在多了，但在当时是首创。从 2007 年下半年开始，在两年半时间里，我几乎把所有的精力都在这上面，事无巨细。包括这个碗，选什么颜色？外面有什么图案？有什么说法？碗外面到底需不需要有莲花？我想了很久，没有莲花很纯粹，有莲花很吉祥，但有这个东西又觉得稍微有点俗气。另外，青瓷碗又"特别浙江"，龙泉窑在中国这个瓷器王国里也是独一无二的，标识性很强，浙江人一看就有认同感。

尾厅的 6 户"最浙江家庭"，用社会最基本的元素折射出浙江的发展，逻辑上很清楚，亮点也比较突出，取得的成绩是有目共睹的。但凡友邻馆之间互相来参观，国际

友人对浙江馆的评价都非常高，老百姓就更不用说了。通过这样一件作品，把他们的内心和这个时代以及自己脚下的这块土地打通。所以老百姓的评价、网络评价、媒体评价、专家评价、艺术界与设计界的评价都是积极的，没有人去挑什么毛病。这不是说我们没有毛病，而是他们被主要的东西、意想不到的东西感动了，他们会过滤和筛选掉那些不完美的东西。再一个就是政府官员，从中央领导、省级领导，到地市领导，他们都来参观，交口称赞。在出设计的时候，我的标准就是全方位的满意，艺术是有这个能力完美地"一网打尽"的。可以讲，这是一个完整的、经典的案例，毫无疑问是巅峰之作，这是好的一面的评价。但是话说回来，现在事隔八九年去看一下，毕竟也有时代的局限性。关键地方也有一些不足，技术上、细节上不是特别完美。比如大碗里边的影像，有的镜头不是特别高清；又比如投影仪是暴露出来的，观众抬头能发现上面有东西。其实在我的设想中，观众是看不到设备的，观众不知道这一切是怎么发生的，像变魔术一样，这才高级。我在萨拉戈萨世博会看日本馆，它在处理投影的时候就符合我这样的预期。观众坐在中间，三面都有投影，但你看不到投影机。它实际上是互射，左边掏一个小洞，投到右边；右边掏个小洞，投到左边。所以你就很奇怪，这个投影是怎么弄起来，看起来满幅都是画。当时也设想浙江馆是不是能从旁边的墙壁打过来，后来不行，必须移到中间，所以只好在这里掏个洞。到今天，媒体和科技都已经提高了很多，从这个角度看，现在有些东西拿出来回放就觉得有点老。但是当时也做不到更好了，已经是当时的极致了，其优秀的部分对后来者依然是有借鉴和指导意义

的。这毕竟是一个综合设计，是大家共同努力的结果，必须要认同这一点——它应该成为一个重要的研究和教学案例。就像军事学院学习的是历史上的重要战役，浙江馆就是这样一个重要的公共艺术设计案例。

我唯一的遗憾就是馆太小，很多人都认为，能将这样一个袖珍的馆打造成世博会的明星馆不容易，但对我来说，这个舞台太小了，所以后来我一直在找更大的舞台——韩国丽水世博会和意大利米兰世博会，我又花了5年时间，想攻克更大的舞台，但没有成功。那就不是自己的能力问题。韩国丽水世博会，方案是独一无二的漂流瓶，那种感受是一样的，我认为找到了一个伟大的契合点。这个契合点更厉害，把国内外、东西方文化都打通了，和时代文化相融。正好那时候流行在网络上扔漂流瓶，我都不知道，我讲完以后有人说这个更好，是真漂流瓶。


**臧**：因为漂流瓶是大家的共识，是一种祝福或者信息的传递，一种人们都可以理解的载体。


**杨**：对，漂流瓶是人类航海时代，信息和情感寄托与跨文化交流的象征符号。想象一下，那时候人的意志多执着，他把自己的命运、愿望、情怀投入一个随波逐流的漂流瓶中。漂流瓶投出去以后，不知道是否能传达到，不知道何年何月能传达到。但是人类只有通过这种方式去传达。这里边有很多历史和情怀，这是人类在进步过程中，无可奈何的交流方式。我找到这样一个深刻性的载体，它看起来简单，实际上有文化内涵，有宿命精神，有执着、期盼与信念。当今世界有这么多的文化形态、意识形态，大家对

这一点是有共识的。人类总有无可奈何的时候，这个会打动人。

臧：丽水世博会和米兰世博会的设计方案背后有着强大的学术背景，可以分享下您的构思过程吗？

杨：丽水漂流瓶的想法实际是在上海世博会时产生的。因为贸促会的相关负责人老来看浙江馆，所以他们就有想法请我们参与，还专门找我们聊了一下。我认为浙江馆的设计至少达到了一个小目标，可以进入国际展示的舞台。一个星期后，我想出了漂流瓶方案，也想到与之相适应的技术支持。就是把人自己想象成微缩在漂流瓶里，通过漂流瓶往外看世界，看历史。但是这个"看"，就要有那种真实的浸入式和代入感，这是一个需要在技术上解决的问题，通过旁边的视效，还有瓶子的运动等。怎么让瓶子外的画面内容自然变换，让人感受到真实，这是一个设计难点。这个难点在于除了内容本身的组织之外，还必须有科技的支撑，即是不是能让人感觉是从瓶子内部看到外面的世界，而不是看到了一个影像，不是一个播放的影片。就像高清的环球影院一样，人会有真实感、浸入感。光这个不够，还必须弄点真的东西。虚虚实实穿插混搭在一起，这样就比较容易打消观众的疑惑。为了加强这个感觉，我在旁边做了一些装置，比如一只大章鱼突然把触手搭在瓶子上，可能观众之前还怀疑这个屏幕，但有真的东西搭到瓶子上时，观众就会觉得这是真的，观众还来不及去想就已经被带入情境中去了。这些都属于科技和视效是否能达到平衡的问题，它的丰富性会降低人们对画面真实性的疑

惑。这是我的判断，但是到贸促会去评审的时候，有一个专家认为这个效果根本达不到，在漂流瓶里看外边的那种代入感达不到，他甚至还说出一个专业术语，说这个视效是有差别的，观众的心理不兼容这种虚假的影像。但他没有体会我这里用的是多种手段。因为我们是做艺术创作的，会用一些技术来弥补这些问题。包括开始设置的引导员对着漂流瓶哈一口气，擦一擦，然后给大家拍一张合照。引导员是影像，她的头很大，对比瓶内的观众就变得小了，她哈一下气，漂流瓶就像玻璃一样模糊一下子。再有块真布擦一擦，虚实混合在一起，会让人觉得非常有趣。所以我认为，这在技术上不存在问题，这就是艺术家独特的方法和技巧。外面投影和瓶子之间看起来不能兼容，但是在中间穿插一些东西就能很好地调节。

臧：您会根据技术来调整方案吗，比如丽水世博会？如果说您在实施推进的过程中发现有些技术做不到，或者是通过另外一种方式能做到，您会反过去调整方案吗？

杨：当时申报方案的时候，还是概念设计，这个概念方案还是很有说服力、很吸引人的，技术上也是有预案的。真实的东西和影像的东西混合会达到那种通过瓶子往外看的视效。镜头的选取很重要，通过拍摄可以解决一部分，然后再通过真假的结合解决一部分。就像浙江馆的钱塘江大潮一样，如果前面内容没有铺垫，没有把人带入那种情境，你光看水面上的浪，一定觉得这是假的，但是它冲到岸边，溅起水花的那一瞬间，你不会去想这是水，那时候你会在心里真正认同这是浪，因为前面的情绪把你带进去了。原

理都是一样的，你的情感代入以后，产生的对事物判断的准确性和真实性会不一样。我觉得没什么问题，一定是天衣无缝的。

另外，我做了个方案二。尽管大的方面都没什么问题，但漂流瓶方案还是有一丝隐忧，有人会觉得这是西方的东西。方案二就是"碗"的延伸：第一，这个碗是被广泛肯定的；第二，也有好几个韩国人看了浙江馆后来找我们做企业馆，如韩国的三星、大宇。我想，是不是再做一个碗，还是瓷器，但是把它变成船形，因为韩国丽水世博会的主题是海洋，所以应该让它漂起来，是一条船，这个语义就是升华的，既是碗，又是船。这个概念也相当好。这些都是青花瓷，特别中国化，也很雅致。馆体就好几个，一个是册页《山海经》，《山海经》讲的是中国神话传说，册页也是中国文化。还有《海阔鱼跃》那个风动装置式的建筑，很高级。

**臧：**可以分享下米兰世博会当时创作的想法吗？

**杨：**意大利米兰世博会还是做这个碗，这个碗不一样，是一组自由摆起来的碗，象征着中国人的日常生活。大家庭，你一个碗我一个碗，人人都有饭吃。意大利米兰世博会的主题是"滋养地球，生命之源"，中国最大的成就是解决了14亿人口的吃饭问题，碗叠起来的方式，就是象征和谐社会，人人有份，是一个价值观的形象。

**臧：**这个核心演绎是您把屏幕放在了头顶。

**杨：**是的，看的方式发生了变化。浙江馆是朝下看，丽水世博会是朝外看，米兰世博会是朝天看。朝天看也可以神游万里，穿越时空。一会儿上面有泥土，人们感觉到自己是在土地里朝上看；一会儿是一片蓝天，我们都飞翔在蓝天上。人往下看的时候就不会东张西望，注意力很集中。如果是向前平视的话，左右两边的人会影响你的注意力。所以看的方式不同，人的审美体验是完全不同的。

**臧：**所以您对后面这两次世博会的方案是没有什么遗憾的。

**杨：**没有遗憾，方案都是最好的。

# 第二部分

## 公共艺术
## 激活历史街区

# 第3章

# 杭州中山路公共艺术长廊

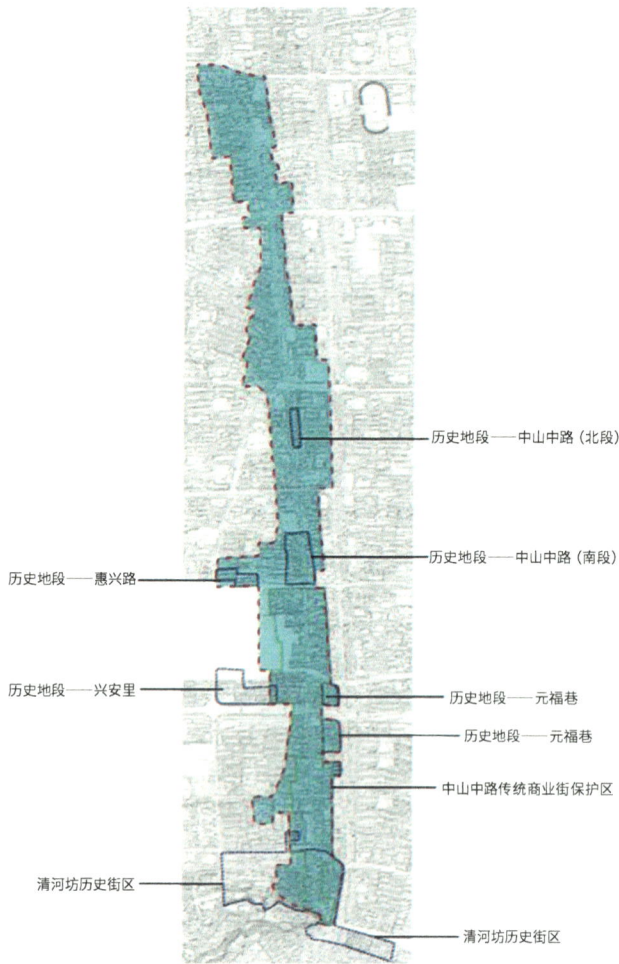

中山路区位概况

## 一、中山路概况及空间规划

### （一）概况

中山路是杭州古城内历史最深厚、地位最突出的商业文化街区，集中体现了杭州古城的特色和近现代沿街商业建筑风貌。但随着近代商业中心的北移和西迁，中山路失去了城市商业中心的地位，功能衰败，风貌破败，城市改造更是加速了这一进程。

中山路历史街区的具体范围是：以中山中路为中心，东起缸儿巷、光复路、柳翠井巷一线，西至羊血弄、比胜庙巷、后市街、祠堂巷一线，东西进深约 100m；南起清河坊鼓楼，北至解放路官巷口，全长约 1500m。总面积 23.6hm²。

中山路历史悠久，是杭州目前古城风貌保存较为完好的历史文化街区之一，其特色与价值主要体现在以下几个方面：

1. 较为完整的街巷总体风貌和空间布局特色；

2. 历史悠久，历史文化遗存丰富；

3. 典型的传统建筑、院落空间及山地民居；

4. 较高的历史人文价值和杭州传统民俗文化。

### （二）空间规划解析

中山路街区分 4 大段、10 小节、48 个空间区段，千年沧桑之变，朝代更替，中山路如一条长长的历史脉络串连起不同文化特征、空间形态的章节段落，历史街巷、传统业态、史实与民俗、传说与掌故，风水地缘，内在的发展动力以及被激发的活力等都按照自己的历史与空间定位，附生在这长长的脉络之中。

整条中山路的公共艺术规划可以从"纵横"两个视角来分析和规划："纵向"以中山路为主轴；"横向"以巷坊为重点；从中山路的地域属性、历史属性、文化属性三方面分析出与不同维度相结合的公共艺术理念和空间规划。用三段、三脉、三桥、三十一巷坊多点位来概括中山路公共艺术规划。

"三段"即三个不同的历史阶段——南宋时期、民国初期和现代时期，公共艺术的不同主题和形式在三段中应根据不同的历史特点有所取舍与侧重。

（1）中山南路紧接南宋皇城、御街遗址，以表现南宋文化为宜；明代钟鼓楼周边表现明代文化。

（2）中山中路南段表现老字号与诸行百市，其中清河坊区域以清代著名商号为主，其中穿插表现百工百业的情态雕塑；中山中路中段即近羊坝头区域因民国建筑较多，以表现民国风情为主；中山中路北段的历史建筑以普通民居为主，主要表现市井生活。

（3）中山北路的历史建筑遗存不多，应适当体现历史碎片，如以过去的生活场景为主题。

面对这悠长的人文历史和地方生活的时空脉络，公共艺术将其归结为地脉、水脉、文脉，进行艺术思考，在主题、内容、创意、艺术形式、空间定位、规模数量、材料等方面进行策划。

## 二、中山路公共艺术长廊设计创意

### 1.《新中国第一个居委会》

**方案与创意：**

表现中国第一个居民委员会的成立，从而体现杭州中山路市民和睦的邻里关系以及和谐的人文环境，具有浓厚的人情味。

**材质：**花岗岩、铸铜

**尺度：**8.0m×1.8m×0.8m

**空间位置：**柳翠井巷，与花池结合。

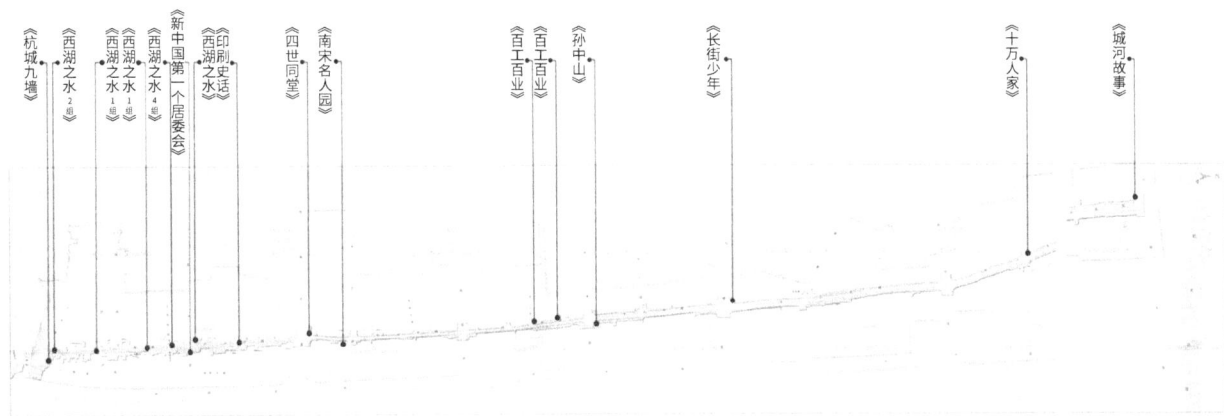

《杭城九墙》　《西湖之水2号》　《西湖之水3号》　《西湖之水1号》　《新中国第一个居委会》　《西湖之水4号》　《印刷史话》　《四世同堂》　《南宋名人园》　《百工百业》　《百工百业》　《孙中山》　《长街少年》　《十万人家》　《城河故事》

中山路公共艺术精品长廊布点图

新中国第一个居委会 送子参军 / 手稿（局部）

新中国第一个居委会 / 模型研究

新中国第一个居委会

## 2.《印刷史话》

**方案与创意：**

印刷业是中山路百业之高点、亮点，以此反映中华四大发明之一的印刷术与中山路之渊源，具有地标效果。

**艺术形式（选其一）：**

1. 与现代艺术手法结合，应有一定艺术深度，史实、古韵与现代视觉的结合；

2. 多媒体装置艺术，给人以新的视觉体验。

**材质：**铜、石、木选其一

**尺度：**4.0m×1.5m×0.5m

**空间位置：**

（1）置放于该行业遗址附近；

（2）印刷博物馆相关街区；

（3）多媒体装置艺术，晚间室内外均可，日常则应设于内部空间。

印刷史话 / 效果图

印刷史话

印刷史话

### 3.《四世同堂》

**方案与创意：**

以海选的方式选取世居中山路四世同堂的现代家庭，以雕塑艺术加以表现，浓缩千年家庭伦理观，表现市井文化之温馨，呼应今日之和谐理念。

**艺术形式：**

（1）彩塑（幽默诙谐）、浮雕

（2）石

（3）铜

**尺度：** 8.0m×1.8m×1.0m（真人大小）

**空间位置：** 大井巷朱养心药店遗址。

四世同堂／泥稿

四世同堂

### 4.《南宋名人园》

**方案一** 南宋名人墙浮雕

**尺度：** 长60m，高4m

**方案二** 南宋名人群雕

**尺度：** 高2.5m，共20尊。

**南宋名人录：**

宗泽、李纲、岳飞、韩世忠、梁红玉、杨再兴、张苍水、文天祥、陆游、辛弃疾、李清照、朱淑真、杨万里、朱熹、马远、李唐、刘松年、米友仁、周必大、范成大、陆九龄等。

南宋名人园

## 5.《孙中山》

**方案与创意：**

孙中山先生曾三次来杭州，对杭州评价甚高。中山路立中山像，使这条路实至名归。

**材质：** 铸铜、石材

**空间位置：** 西湖大道羊坝头。

孙中山 / 效果图

孙中山

## 6.《百工百业》

**方案与创意：**

以古代传统拴马桩形式，系列排列组合，再现中山路历史业态。以灵活而极其富历史气息的形式点缀空间，极为贴切。表现内容为近代商业文化、近代金融文化、手工业文化（杭烟、杭扇、杭剪、杭线、杭粉）、酒楼文化、娱乐文化、雕版书铺文化、会馆文化、文房四宝文化、对外贸易文化、医药文化、书院文化、织造文化、诗词文化等。

百工百业 / 效果图

百工百业 / 小稿

**艺术形式（选其一）：**

（1）机动木偶人组合装置（注重旅游效应，幽默诙谐）；

（2）彩塑（现代与民间艺术结合）；

（3）古代传统拴马桩式；

（4）其他形式。

**尺度：** 90~170cm

**空间位置：** 约 100 件散布于整条中山中路步行街。

百工百业

**7.《长街七子》**

**方案与创意：**以历史上各朝代的滚铁环少年造型，贯穿于整个中山路的街、巷、弄，成为整条路段的生动标志。

**材质：**铸铜

**尺度：**随环境变化

**空间位置：**此组为标识性艺术，分置于中山路各个街巷。

剪影效果研究

长街七子

**8.《十万人家》**

**方案与创意：**以古时中山路繁荣盛景为依据，依宋代词人柳永名篇《望海潮》，史上中山路应位其中，故再现"十万人家"盛景。以大风景形式绘之。

**艺术形式：**

（1）壁画、壁刻；

（2）墙体浮雕。

**空间位置：**老街、新区均可，各有其妙。

十万人家／模型研究

十万人家

## 9.《杭城九墙》

**方案与创意**：以现代艺术的创作概念，采集中山路乃至杭州其他地方有历史特征和视觉意义且无法保留的老墙，集中放置在一特定场域，给人强烈的视觉体验，感受历史与人文的震撼力量。作为历史碎片的采集与文化标本的树立，以当代人的文化视角，提升中山路文化之高品质。

**尺度**：2.8m×25m×0.5m

**材质**：综合材料

**空间位置**：中山南路绿化带。

杭城九墙／小稿

杭城九墙·陌巷无觅

杭城九墙·曾经故园

杭城九墙·几代土墙

杭城九墙·石库门们

杭城九墙·河坊阁楼

杭城九墙·无名闸口

杭城九墙·官窑寻踪

杭城九墙·高宗壁书

杭城九墙 / 观众互动

杭城九墙·杂院轶事

# 《九墙》系列的创作与思考

杨奇瑞

河坊街·再忆江南系列 / 综合材料 /1998

《九墙》是本人创作的两组艺术作品，一组命名为《杭城九墙》，一组称之为成都《宽窄九墙》，分别完成于2008年秋和2013年春。因为两组作品都以"墙"为主要艺术载体，又都坐落于两个城市的著名历史文化街区，故在表现内涵和形式上有许多共同之处，也总体反映出创作它们的共同诉求，从而构成《九墙》艺术创作系列。

这两组作品的创作并完成，前后相隔六七年时间，与它们相关的创作研究与思考，更要上推到十数年前兴起的杭州第一轮老城改造。

1995年初夏，在游学欧洲两年后，笔者回到美院继续任教，恰逢杭州第一波城市改造热潮。有感于这种城市、文化和生活的变迁，还有笔者个人的艺术观念、经验以及我们与这个时代关系的思考，1998年，笔者创作了架上参展雕塑《河坊街》，随后又相继创作了《河坊系列》之《一方土》《一抔土》《民谣》等七八件雕塑。这些作品的共同特点是：峻朗的钢板形成一个封闭的外框，内中镶嵌以煤气灶、铁桶等现成品，或拆迁的生活废弃物以及老泥墙、沥青路面等建筑材料。前者象征着现代化的工业文明，显示出理性、强力和秩序；后者代表着老的生活传统，充满感性、质朴和温馨。两者内涵与材质上的强烈对比，营造出视觉上的矛盾与冲撞。将昔日生活中司空见惯、弃之不用的老物件，郑重地镶嵌进墙体作立面的审视，向世人昭告我们对逝去生活的祭奠，警醒人们关注我们身边正在发生的变化，重新审视刚刚逝去的生活。

2000年，首届西湖国际雕塑邀请展在杭州举办，本人创作了《杭州轶事》户外作品，雕塑为3m×2m的体量，材料都源自城市中心正拆迁的生活废弃物，可以说是对上述一系列架上作品的基本总结。作品在制作过程中，便引来国内外参展艺术家的关注，一位英国艺术家更是往返于《杭州轶事》雕塑制作现场，关注创作进展，并表示完全理解了整个作品的内涵，认为《杭州轶事》给人带来的视觉冲击和心理冲击都是非常巨大的。有感于同行的关注与正面评价，笔者得到的认识是：第一，《杭州轶事》这件与中国当下事件和大众生活息息相关的雕塑，在来自异域的同行间也能引起共鸣；第二，真正的艺术力量，可以跨越文化间的差异，找到人类文化的共通点。总之，还是笔者一向的观念与主张：艺术应该关注我们本土的生活，关注脚下这片土地上发生的事情。艺术的当代性、创造性等许多要素，就存在于我们最熟悉的、正在发生的生活中。

　　《杭州轶事》创作后，搁置了一段时间。直到 2007 年，杭州中山路整合改造，为笔者将这类艺术推向大众生活的视域提供了契机，并最终创作完成了《杭城九墙》。

　　与《杭州轶事》作四面观的立体造型不同，《杭城九墙》绕一座异形艺术建筑的底层一周分布，但艺术特征一如既往，保持了笔者个人的创作特点：冷峻的金属外框，内部镶嵌进诸般老旧的生活物件、废弃的石壁残垣、拆迁的建筑垃圾等，形成九壁岁月之墙。

　　2012 年，应成都老街宽窄巷子更新改造项目之邀，开始酝酿创作《宽窄九墙》公共艺术作品。当时前往宽窄巷子调研时，第一个感觉就是，个人此前很多赋予川地生活的想象以及从《死水微澜》《红岩》等电影中看到的巴蜀城市的影像，在这里完全不见，做《杭城九墙》调研时看到一些老房子时所产生的触动，在这两天的调研中几乎

杭州轶事 / 综合材料 /2000

没有，因为宽窄巷已然建成了旅游区，一眼望去，几乎全是已修复完整的、装饰一新的、带着现代设计师的装饰艺术理念的商肆店铺，大概只有宽窄巷内老房子的空间格局如厅堂、四合院、门楼、拱券、井圈等，还留着过去时代的迹象。调研回杭后，笔者又着重研究了宽窄巷历史原貌的图片资料和文字信息，通过前后比照，复原宽窄巷原来应有的生活面貌，感悟其间的沧桑巨变。后经数易设计方案，最终创作了成都《宽窄九墙》一组共 9 件作品，并于 2013 年新春落成。

　　因为分别与杭州中山路和成都宽窄巷这两条老街文化血脉相通，这两组作品带有浓浓的地方气息，许多创作素材都直接来自往昔的生活碎影，故还在作品现场创作之时，便引起人们的广泛兴趣，随即报端便登载出人们与《九墙》创作进行时的互动合影。

杭城九墙 创作调研资料 /2007

一件城市雕塑，过去给人们最常规的印象，就是静态地放置在公共空间之中，《九墙》落成后，观者纷至沓来，形成拥堵，这是很少有的场景，它已经突破了静态艺术的特征，跨越了这类艺术通常的作用和影响。

无可置疑，《九墙》是以艺术与大众亲和的姿态，走进百姓生活的。它重拾生活废弃物，并赋予其新的观念与意义，引发人们对历史的叩问与追怀，它丰富的微叙事和细节表现，使艺术变得亲切真实，充满人情。与此同时，《九墙》也具有鲜明的艺术个性，是笔者一以贯之的艺术态度与艺术观念的反映，艺术的经典构成手法、现成品利用、考古法、压缩法以及新媒体艺术手法的引入等，都使得《九墙》具有艺术的包容性和丰富性。

回顾这两组《九墙》系列作品，无论是在其创作过程，还是它们完成后相当长的一段时间里，一直引发并令笔者纠结的，是与《九墙》艺术创作相关的、近乎哲学问题的思考，在这里笔者姑且将其归结为视觉的哲学。

哲学探讨的往往是时间、空间、人生观、世界观这类终极命题，是"真"以及与之相关的"善"与"美"的问题，主要以文字阐述的方式表达，要求逻辑思辨缜密，论述严谨准确，结论确定鲜明。与这种一般意义上的哲学及其学科特点不同，视觉哲学是将极富思辨性的哲学问题化作艺术视觉的表现，是以体量、空间、材料、实在的物质感、各种可能的艺术手段所营造的情境达到内外结合、多重交织的艺术效果的视觉艺术作品，并以此来探寻时空观、世界观、真善美这类哲学命题，简言之，就是以艺术"美"的表象传达"真"与"善"的内涵。视觉哲学并不追求一个确定的结果，而旨在达到一种整体性、综合性的感悟，观者对艺术有所触动，却未必求其甚解。这就是笔者所谓的视觉哲学。

现实生活中，富于哲学意味、引发我们的思绪与感怀的视觉存在随处可见。在老房子拆掉之前，笔者钻到里面去，抢救性地拍摄了些照片，画面中的老房子显然曾是大户人家的住所，大概中华人民共和国成立后收归国有，分给普通百姓居住。一眼看去，尽管照片中的大杂院参差杂乱，萧索破败，但它仍依然具有旧日富贵人家的仪范，这些东一扇、西一扇，开开合合的窗子，以及穿过窗子可以看到的屋子深处的东西，仿佛生活中的絮语，很富表情，很有情绪，尤其是当这种表情附着在这样一座历史身份更换的建筑上以及现在屋主人居处的生活状况上的时候。

《九墙》所追求的视觉哲学，就尽在这纷纷扰扰的图像之中，它让人百感交集、逻辑交织、一言难尽，它是形象的，是视觉的，没有语言和陈述，却五味杂陈，让人什么都明白，这就是视觉给我们的启示。在创作《九墙》时，笔者希望把这些百感交集、时空交织的意象，以及对生活的感悟表达出来。这就是笔者讲的《九墙》所追求的视觉哲学的意味和它营造出来的、具有艺术哲学思辨色彩的内涵。

纵观《九墙》系列的视觉哲学意味，大体具有以下五个特点。

第一，《九墙》对历史的回望。《九墙》总体来说是一个回望式或追怀性的作品。回顾过去、审视现在、展望未来，构成我们对世界、对人生的基本空间认识。回望是人人都有的一个习惯，在回望的过程中，会勾连人们的温暖回忆，启发人们的善意。因为无论是关于时间的永恒、生命的无限，还是那些可以量化、可以历数的历史与人生，总会引发我们的一些追问、一些回望和一些思考。

以《杭城九墙·无名闸口》为例，这是一件历史积淀的产物。老闸口这个选题与杭州曾是江、河、湖、海、溪"五水共导"城市的历史有关。在杭州城形成的历史中，因为城内水系众多，需要清淤治水，遂出现了西湖，也出现了各种引水、造渠、筑闸的工程，离杭州城南太庙遗址不远的南宋遗址博物馆中，就向人们展示着当时用于节制水流的闸口，让人感叹南宋都城建设中对水系的有效管理。然而岁月迁延至今，杭州城区能够剩下的也就只有西湖、东河等有限的几处河湖，其他水系都不大看得见了，昔日枕水人家的景象也不复存在，空留那些干涸的闸口裸露在外。做《杭城九墙》调研时，笔者便注意到了废弃的老闸口，决定将它移花接木式地用到艺术创作之中，作为昔日活水之城——杭州的见证，遂有了《无名闸口》艺术之墙的产生。虽然这件作品的构成要素简单，但它粗石叠砌和纵横的框架构成，铁链的弧线勾连，笠帽的细节点缀，都共同诉说着古今杭城水利的变迁，引发人们对表象背后的叩问和昔日南宋繁华水盛景的回望。

《杭城九墙·曾经故园》是最能引发人们对旧时代生活怀想的一件作品，墙壁上至少包括了两种不同的房屋，它们是建筑上的两个时代、两种身份。这里实际透露的是中国城市建设信息和时代发展信息，就像美术史上常常讲到的巴洛克、洛可可建筑的并存，那是非常经典的近代西欧建筑；表现在近世中国普通百姓的房屋建筑上，就是这种可能是民国的殷实小家与以石界碑为标杆的晚清时代宦官富商之家的并存，还有现居房主因生活空间逼仄而赋予老屋的种种窘迫，共同构成了一种很奇怪、很幽默的关系，让人感慨，再好的房子，也经不起这种岁月的磨砺。屋里水龙头接出来了，煤炉靠在墙外门边，可能作为公房使用的老屋年久失修，任其风吹雨打，侵蚀的墙面留下它与岁月的关系，也反映出人们对生活的经营态度。总之，眼前所有的这一切，与其颇有仪范的旧时场景黏合在一起，叫人回首历史，追怀往事，叩问人生几何，感受物换星移。

第二，《九墙》对美与丑的直面。《九墙》中的许多作品都是对现成品的利用，或者说是对过去城市拆迁垃圾、居民生活废弃物的利用，是亦丑亦美的艺术综合体，通过作品营造出的特殊场景和与之密不可分的"美丑"事物，将美与丑这个充满哲思的问题同时呈现出来。当然，这里所谓的丑并非具象的丑，而是广义的丑，是那些与艰难岁月的穷困、拮据。甚至是潦倒的生活密切相关的老物件，是曾经带给人们的不堪的生活记忆，令人厌恶的、丑的事物，但是当我们重拾这些过去在一个真实的生活空间里使用或存留过的废弃物，将它们用于创作之中，并用艺术的解构与组合方式呈现出来时，便使它们重新焕发出生机与活力。在这里，还是这堆老物件，它们自身的属性却发生了改变，人们对它的评判标准也发生了天壤之别，往日对生活毫无价值的、唯恐避之不及的丑，变身为勾连观者暖意、启发往昔温馨的美。如此丑与美的并置与交错，给人带来的是岁月流逝、物换星移般的感怀与体验，以及人们对美丑辩证关系的探究。

《九墙》系列中这类最具典型意义的作品或许是《杭城九墙·杂院轶事》。它截取了杭州老墙门巷道的一个特殊视角，在过去的生活中，巷道的里面应是院子，但由于往日大杂院内纷乱拥挤，居家水、电等各种信息的管理便集中在这个院内所有住户共同拥有的门厅或巷道之中，一排排电表，仿佛就是院内的一家一户，破旧的电表盒就是院内住家的形象代表，它们彼此紧挨着、拥挤着，摩肩接踵，也就是巷道尽头院落的某种缩影。不仅如此，居住空间的逼仄，也令人们在杂院过道这类公共场所中放置椅子、自行车等，这些都成为当时的生活常态。所以，让一辆停放在过道的自行车入画，营造出的是经历过这种生活的人们最亲切熟悉的场景，唤起的是人们对往日生活的记忆；而自行车的临时停靠，还暗含着一个动态的故事，展示出巷道平日人来人往的热闹景象，甚至还有人声嘈杂的意象。整个作品营造出的场景，与如今宽绰的小区环境、一梯两户的居住空间相比，的确令人不堪，然后老墙门的热闹、邻里间的交往和旧时物件的故事，也成为旧日生活历久弥新的温馨所在。美与丑在这里得到了统一。

第三，《九墙》对窥望心理的引发。窥望乃人类与生俱来的心理倾向，笔者对这一问题的关注源于对中国井文化的认知。笔者始终觉得，人类本能里就有对井的特殊好奇心。从表面看，一方井台，一口老井，再加上其周边形成的界域，便成为人们生活的汲水之处，但它同时也是一个微型的社交场所，平日人们嘘寒问暖，交流情感，也互叙家长里短，交换消息，这是人们世世代代赋予井的空间的特点。与此同时，井又是一个朝地下纵向延伸的空间，

杭城九墙·杂院轶事 / 电表特写

因为深邃，引发人们内心深处对未知、神秘的窥望，从井口俯身望去，那源源不断的生命之水盈满其中，它的尽头通向何方，是孩提时代人们就有的诘问与困惑，往井内扔块石头，看井面水影摇曳，探井底深度几何，都是井带给人们的遐想和意象。这种对井的追问，就仿佛人们看天、看地、看人，是越过井的表层，对井那深邃的、神秘的世界的求索，也是对井给人带来的具有某种心理学层面的影响的探寻。

在《宽窄九墙·老井镜像》创作中，笔者恰恰利用了人们对井的这种好奇心，特别设置了三口老井，希望人们在参与、窥望和欣赏的体味中，获得一种极大的满足，而这种满足来自他们的根性、他们的文化以及他们对生活的体味。

第四，《九墙》颠覆式的艺术展示。《九墙》多以生活废弃物作为艺术造型的基本要素，但在具体表现上，又通过透视、压缩等手法以及反生活常规的艺术处理，使这些原本的生活物件拥有全新的视角和意义。比如上述《杭城九墙·杂院轶事》中的自行车，本乃生活常物，但将其做压缩式的入墙展示，便使人们对原有事物产生了重新认识，人们乐此不疲地与自行车合影，摆出各种生活中可能与自行车交集的姿势，从中获得新鲜的艺术体验。《宽窄九墙·旧居回响》中的百家物什，虽然皆来自过往的家庭生活，但经过对熟悉事物的陌生化处理，改变了人们的"阅读"常规，引发人们新的认识与思索，如人们手执作品中的石磨柄手，听到的却是老唱机的声音，脚踏缝纫机，墙上的广播匣子中却传出川剧的唱腔，这一切都是在合理与熟悉中作陌生化处理。

宽窄九墙·老井镜像 / 观众互动

再看上面讨论过的《老井镜像》。笔者想做一口老井，如果从它的物质形态着手，做一个正常视角的叙述和表达，当然是可以的，但笔者觉得，这种表达不足以引发人们对这个主题强烈的认知度和感悟性。而且，视觉和艺术的意义就在于，它本身是对生活的一个再看视、再提出，甚至是一种反证。要强化人们对井的这种感受，我们不能像展览陈列那样，造出一口假井，因为那不会唤起人们心理的强度、视觉的强度以及时间转换的强度。所以，笔者选择具有年代感的老井，以它作为引发人们对已逝岁月追索的象征物。在具体表现上，又采取一种反常态的做法，改变人们的视觉惯性，颠覆人们熟悉的场景，将井台竖起来，有那么一瞬间，给人带来距离感、陌生感，而极度的熟悉与顿然的陌生交织在一起，就产生了一种视觉上的辩证关系，观者视觉的新体验由此诞生。

当然，这种对老井的艺术表现，笔者早在 2000 年创作《杭州轶事》中便开始了。当时最具创意的做法，就是将井台置放在一个非正常的视角上，让它由常规的纵向深处变为水平横卧，而这种放置已经改变了它过往的使用形态，因为井已不再是生活主角，变得可有可无。如今，当人们再往井里探寻时，看到的已不再是一汪井水，而是已被置换了的一片自然风景。当然，它不仅是个符号，这种置换实际上还是一个现代视角的、看的方式，看过去、看未知、看世界、看表面与内在，它教我们由表及里地看问题，表面过去的那个真实，已经物是人非了。实际上，这是一种穿越，是一种哲学上的思辨，是用一种逆向的思维在探讨生活，证明生活中一些内在的东西。

再如《宽窄九墙·百变门神》，它的主要元素是门与门神，艺术构想相对少一些，构成也甚是简单，就是在普通民居的两扇门上，模拟雕刻着中国传统的门神。设计中力求出新的地方在于，将民间门神艺术符号与川剧变脸结合起来，当人们从它旁边轻轻走过的时候，不经意间，发现静立的门神动了起来，面部突然转动，变出一幅全新的面孔。这一过程有种穿越的感觉，产生意想不到的效果和令人会心的愉悦感，发现的愉快和被惊到的喜悦让人们禁不住会停下脚步，细加打量，与门神产生一种特殊的交集。

第五，《九墙》特殊式体验的构建。在《九墙》系列作品的创作中，注重观众的参与互动。传统雕塑的审美体验是以"凝固的诗"为概念，这在《九墙》作品中只是第一步。为了进一步开启观众的心理活动，加深艺术效果的表达，还可以引导观众通过观看、触摸、互动等一系列活动，使自己的身心沉浸于作品所设置的情境之中，达到一种特殊的、对作品多方位品读的效果。在《杭城九墙·杂院轶事》中，观众可以跨上自行车，触摸砖墙和老物件，

在仵视、触摸中有所感悟与思考。《官窑寻踪》将墙壁上的洞开一扇门，人们便可穿越这件作品，进入作品的情境之中，然后便有了反复打量它、体验它的机遇，带着叩问的心情身临其境，去追寻曾创造青瓷巅峰之作的南宋官窑文化。《宽窄九墙·趴耳朵嘛》的创作立意源于20世纪六七十年代成都人体贴老婆和家人，将双轮自行车改装成边三轮的趴耳朵以供乘坐，而趴耳朵也渐渐演绎成川地当代风俗名词——怕老婆。作品采取老照片与局部浮雕、自行车装置相结合的形式，焦点就是这辆带有加座的趴耳朵边三轮，作品在制作过程中，便引来观者的积极参与和互动。表面上，人们争相坐上这个边三轮加座，但在参与者心中泛起涟漪的，或是对童年天真烂漫时光的怀想，或是对父母慈爱的感念，抑或是对青春爱情的追忆，无论是何种情感，都让人感受到时空穿越，岁月流转。

《宽窄九墙》中的多件作品引入了新媒体艺术语言和科学装置技术，还为构建观者特殊式体验提供了更多的可能性。比如，在《老井镜像》中，井底深处并非常见的水，而是出乎意料的影像投射，由装置在街面上的摄像头抓拍到的即时街景和人群组成，这种"物是人非"的窥望经历，让观者在满足了来自他们的根性以及对生活的体会之外，增加了一种对井的新奇、梦幻般的感受。这是科技给艺术带来的新奇与感动，也是笔者以老井为题的艺术的又一次升华。

《九墙》中最具这类典型意义的作品莫过于《呼吸瓦墙》。笔者的思考是，找一个基本点，一个人们都熟悉的符号，用它来阐述一种感悟、一种视觉、一种意外、一种深思。在《呼吸瓦墙》中，笔者找到的这个元素就是瓦。

2000年创作《杭州轶事》时，就曾收集过大量的瓦，当时只稍稍用了一些。这也是艺术创作中，我较早尝试使用老瓦的例子。

《杭州轶事》之后，对老瓦，笔者意犹未尽。《宽窄九墙》创作时，再次勾起笔者对民居中瓦的情愫。关注瓦，并不仅在于它的表象，瓦与井同样具有古老而悠久的历史，与民众生活联系紧密，但有谁对瓦这种最大众的建筑构件倾注过那么多的关注，又有多少文字对它有过专注的描述呢？现在笔者把它特别拎出来，就是要强调，瓦其实是很有诗意的、很有情绪的、很有表情的。我们与瓦的情结，是自幼就结下的，小时候觉得房子都是很高的，看着整齐的瓦覆在房顶上，就渴望自己能爬上去，在瓦上玩耍。平日里站在低处，看见四季交替，雪花纷飞，淅淅沥沥的小雨从瓦檐上飘下来，很美，瓦就是营造这种气氛和诗意的条件。后来作为造型结构研究时，又发现瓦片在铺设时作凹凸相扣的结合，雨雪飘落在凸棱部分，又滑向凹处，既有生活意味，又充满诗性与象征意义。于是，将瓦以墙的视觉造型的方式呈现出来，便有了这壁瓦墙。

然而不仅如此，要升华作品的创意与内涵，使之成为更具独特性的作品，还要以科技手段为助力。前面讲老瓦承雨、聚雪、沥水，这些都是诗意的东西，对于中国这种有数千年历史的文化符号，在过去所有的想象中，唯独没有赋予它的是舞动、跳跃和呼吸。在这里，笔者首次给了瓦墙以呼吸的生命。用6万根钢针以点阵形式，构成《呼吸瓦墙》的主体造型，瓦墙背后是机械数控装置技术的驱动，如此，瓦便可以起伏、伸展，改变了它一成不变的固有形象，变得灵性、俏皮。当观众斜倚在瓦墙之上，可以体会到瓦墙的呼吸和生命的律动，又仿佛回到了童年，实现了躺在瓦顶上的感觉，当身体离开时，瓦墙上还留下了身形的压痕，令人大为意外，当人们以手掌摁压瓦面时，瓦墙上的"钢针"会穿指而过，亦颇为称奇。在这短短的时间里，观众由观、触到浸入体验，实现了一次与作品身心合一的感受，经历了现场与回忆的诗意穿越。

《九墙》就是这样的一种思考和创意的结果，是唯有用造型和视觉将众多内涵丰富的要素集合成块，打磨成历史的、情怀的、公共符号的、文化互动的、让人参与的思考和感悟的集合体。一句话，《九墙》创作的重要部分是蕴含其间的思想与思考，或许这正是品读《九墙》令人百感交集之所在。

写于2015年11月

# 第 4 章

## 成都宽窄巷子更新

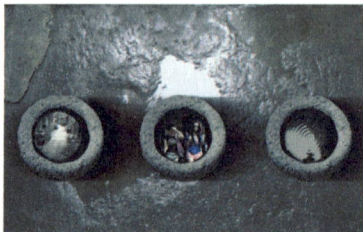
老井镜像 / 效果图

# 一、老井镜像

**尺寸**：4.0m×2.4m（厚度约 50cm，嵌入墙面内）

**材料**：综合材料

**作品介绍**：三口取自宽窄巷某公馆的老井，观众一凑近，自己的肖像、宽窄巷过去的场景、拆迁的图像，以及当时参观的人的现实身影开始出现，井观历史、古今、自我。水是生命之源，历史文化也如水流长，而在这里，我们观水思源。

**技术介绍**：利用红外感应装置，用透明树脂、镜面不锈钢、水泥等综合材料。人们一旦靠近，图像就开始变化。

老井镜像

老井镜像 / 作品局部

老井镜像 / 观众互动

呼吸瓦墙 / 观众互动

呼吸瓦墙 / 观众互动

## 二、呼吸瓦墙

**作品介绍：** 收集宽窄巷子的老瓦片，拼成墙面的立面，由 PTFE 膜材制成，内部有钢架支撑。当人们依靠时会下陷，人们离开后又会复原。既会唤起当地人民的记忆，又出乎意料地增强了游客的参与性。

**技术支持：** 技术核心在于其中的伸缩装置，伸缩装置中以弹簧阻尼器或是液压阻尼器最为耐用，使用寿命至少几十万次。阻尼器多用于厕所放水工具中，瞬间挤压并缓慢回弹，恰好符合装置需求。定制阻尼器需要长度在 40cm 以上，能加强按压效果。保护装置在墙体前方5cm 处，设置 5cm 厚度的高强度墙体，使阻尼器稳固卡在其中，防止其移位。在阻尼器前方设置圆滑形体，避免参与者受伤。

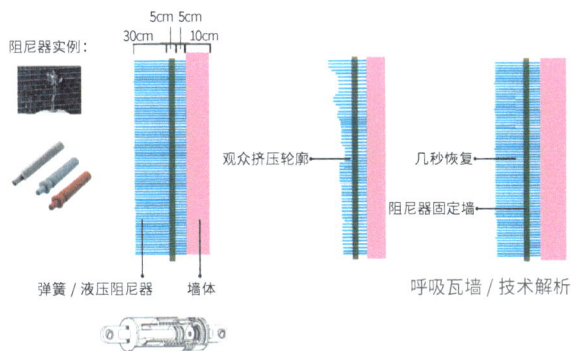

阻尼器实例：

弹簧 / 液压阻尼器    墙体

观众挤压轮廓

几秒恢复

阻尼器固定墙

呼吸瓦墙 / 技术解析

呼吸瓦墙 / 效果图

## 三、旧居回响

**尺寸**：5.0m×2.7m（厚度约50cm，嵌入墙面内）

**材料**：综合材料、触动开关

**作品介绍**：声音可以营造感知空间，可以储存记忆，熟悉的旋律可以把人带入一段回忆。一套橱柜以视觉形式储存生活记忆，以生活用品的碎片重组成发声装置。

旧居回响 / 效果图

**技术支持**：作品中可参与互动的装置，包括抽屉、箱子和柜子。第一，采用可拉开式的抽屉，在其底部加长材料，防止抽屉被彻底拉出，并在抽屉口处放置玻璃保护，保护抽屉装置的完整以及抽屉内部的展示物件；抽屉底部放置微动装置，能在抽屉推拉时触动装置，进而放出抽屉顶面的发声装置。第二，箱子采用开合式，在其背面放置缓冲保护装置，避免了观众在参与时对箱子的过多破坏，并在表面放置玻璃保护老物件；内部放置磁控开关，当打开箱子时，箱子两边相吸，磁力消失则触动开关，放在箱子内部的发声装置启动。第三，柜子中的设置原理及技术基本与箱子类似，在这些装置基础上再增加一个弹簧装置，能让柜子门在无外力的情况下自动关闭，保持作品的互动性，并且防止误伤观众。

旧居回响

## 四、少城家书

尺寸：2.1m×2.7m（厚度约50cm，嵌入墙面内）

材料：综合材料

作品介绍：将宽窄街曾经的老书信（父子家信、爱人间的情书等）铺展墙头，观众盏灯品读那段岁月的朴素的情感和充满期盼与想象的交流方式。所以取材的是当年宽窄巷与外部世界通信的工具——邮筒，邮筒里的互动装置（滚动装置），滚动播放从古至今的老信封和各式私信，引发来自民间的那份感动。

技术支持：采用视频捕捉器生成图像，再传输到放置在邮筒中的图像处理器。处理过的图像再通过显示屏效果展现在邮筒观察中，观众可以看到增强的现实效果。

少城家书 / 效果图

少城家书

## 五、百变门神

**尺寸**：2.1m×2.7m（厚度约50cm，嵌入墙面内）

**材料**：综合材料、机电技术

**作品介绍**：重现一组川剧变脸的舞台布景，把真实道具分层次地安置在墙体内，部分突出与观众的互动。以触动和感应的方式使脸谱发出戏曲现场的声音，把人带回老成都的生活。

**技术支持**：核心技术是延时器配合伺服电机，延时器能设置伺服电机的转速、停顿时间以及旋转角度。伺服电机顶端连接支架，并带动支架上的面具旋转。伺服电机上设置了定位校对器，每一次旋转对面部都重新进行精确定位，确保在经过几十万次，甚至上百万次的旋转中保持最小的误差。

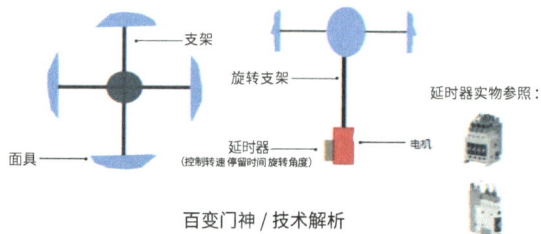

支架
旋转支架
延时器实物参照：
面具
延时器
（控制转速 停留时间 旋转角度）
电机

百变门神 / 技术解析

百变门神

百变门神 / 机动装置

## 六、耙耳朵嘛

尺寸：3m×0.6m×3m

材料：金属现成品等综合材料

作品介绍：20世纪七八十年代，成都有许多在一边搭上"偏斗"载客的自行车，因最初为骑车的丈夫带妻子出门用的，故得名"耙耳朵嘛"，是成都市井文化中一道独特而温馨的风景线。

耙耳朵嘛／观众互动

耙耳朵嘛

## 七、骁骑思征

尺寸：1.1m×0.8m×3m

材料：金属锻造等综合材料

作品介绍：满蒙八旗军曾驻宽窄巷子，马是宽窄巷子历史中最重要的见证之一。

骁骑思征

## 八、宽窄重门

尺寸：3m×1m×3m

材料：综合材料

作品介绍：宽窄巷子有众多形态多姿、重叠变化的门楼券拱，此墙是宽窄巷子街景的浓缩。

宽窄重门

# 第5章

# 南昌绳金塔公共艺术长廊

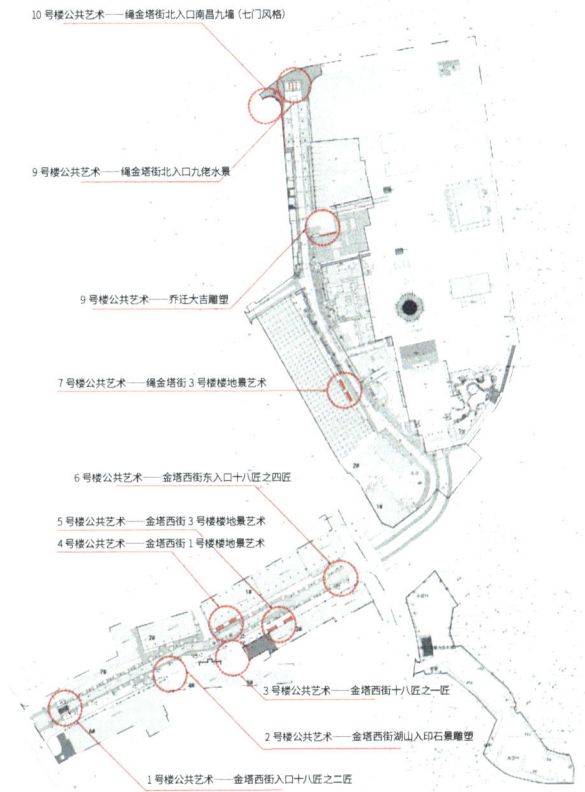

10 号楼公共艺术——绳金塔街北入口南昌九墙（七门风格）

9 号楼公共艺术——绳金塔街北入口九佬水景

9 号楼公共艺术——乔迁大吉雕塑

7 号楼公共艺术——绳金塔街3号楼楼地景艺术

6 号楼公共艺术——金塔西街东入口十八匠之四匠

5 号楼公共艺术——金塔西街3号楼楼地景艺术

4 号楼公共艺术——金塔西街1号楼楼地景艺术

3 号楼公共艺术——金塔西街十八匠之一匠

2 号楼公共艺术——金塔西街湖山入印石景雕塑

1 号楼公共艺术——金塔西街入口十八匠之二匠

绳金塔公共艺术精品长廊布点图

## 一、创作背景

2014 年 5 月，南昌市政府提出打造绳金塔美食街"公共艺术精品长廊"的规划目标。南昌绳金塔历史街区，历千年沧桑之变，一条长长的历史脉络串联起不同的文化章节。历史遗存、传统业态、史实与民俗、传说与掌故以及内在的发展动力，都按照各自的历史与空间定位，生发在这长长的脉络之中。面对着悠久的人文历史和地方生活的时空脉络，艺术家将其归结为文脉、地脉、水脉进行艺术思考，并在主题、内容、艺术形式、空间定位、规模数量、技术材料等方面进行策划。

绳金塔公共艺术精品长廊项目从设计到制作完成，历时 9 个月，在此期间，艺术家和团队多次踏勘现场，整理出 20 多个历史碎片，创作了 70 多个设计方案，最终精选出 6 个可行性设计方案。

作品落成后便受到来自社会各界的一致好评，尤其是《乔迁大吉》一度成为多家媒体关注的焦点。《乔迁大吉》之所以能取得成功，应该归结以下两点：第一，准确的选题定位；第二，在创作过程中对场、量、象、度的成功把控。

## 二、创意说明

### （一）场

#### 1. 公共艺术的整体布点

公共艺术是场所的艺术，每件作品最终要归属场所。绳金塔美食街长 660m，空间格局呈 L 形分布，由塔西街

绳金塔街区改造前景象

人造石块料坡

残破砖墙封口

平面、立面示意图

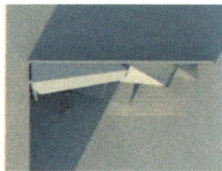

空间模拟示意图

和金塔街组成。从景观规划总平面图上看，街区空间关系错综复杂。已经遴出的《南昌九墙》《乔迁大吉》《地景艺术》等6组作品如何在此空间合理培植？如何使公共艺术和景观相伴相生、相得益彰？为此，艺术家和其团队多次前赴南昌绳金塔美食街区，对施工现场做深入调研、详细勘测，《乔迁大吉》及其他组作品的布点几经变更、调整，才逐渐明确下来。

## 2.《乔迁大吉》的场地营造

金塔街与金塔公园西门交会处，是步入绳金塔美食街和金塔公园的咽喉要道，也是绳金塔美食街北入口的第一个节点广场。作为公共艺术精品廊中的重点项目，《乔迁大吉》落地于此。作品依托香天下火锅城东墙和南墙，呈 90°夹角，寻求最佳展示空间。

火锅城南墙体长 16.5m，东墙体长 4.5m，墙高8m，形成面积为 74.25m$^2$ 的半围合小广场。雕塑主体如果居广场中心而立，观赏空间、流动空间将损失殆尽；如靠近金塔街，由于金塔街宽度、厚度受限，继而将会导致观赏景深受限。显然以上两套布局方案均不可取。

为此，艺术家和其团队在雕塑进场前做了大量的空间模拟工作，反复推敲得出以下结论：（1）为了充分利用有限的空间，金属壁画尽可能依南墙体而立，务必使其附贴于墙壁，争取最大的实用空间尺度；（2）雕塑主体部分尽可能压缩于东、南两墙体夹角处，为在西北方向来往的游人创造更宽敞的视线空间和观赏景深，同时也要照顾将来进出火锅城的交通路线不受干扰。

## （二）量

### 1. 背景墙的体量控制

《乔迁大吉》的背景画面，主要起到如下作用：

（1）营造场景气氛；

（2）衔接周边环境；

（3）遮挡视觉纷扰。

前面提到火锅城南墙体的边长 16.5m，高 8m，金属画面的边长尺度如果小于以上尺度，那么来自南面的绳金塔塔顶、建筑屋脊以及部分行道树冠、电缆等庞杂物象将直接进入画面构图范围，将会严重干扰作品画面整体效果。经反复计算，确定将画面边长分别控制在长 18.5m、高 9.5m。这个尺度可将以上庞杂物象最大限度地屏蔽在作品画面之外，也正是这样一个细节处理，有效提高了作品的视觉纯度和艺术纯度。

### 2. 人物体量，数量控制

为了寻找《乔迁大吉》的生活原型，团队曾依托南昌多家媒体、街道办事处等单位对绳金塔棚户区进行深入调查，在 100 多户居民中，找到了 3 个基本接近创作条件的家庭，但是由于这 3 个家庭的部分成员在肖像权问题上意见不统一，如果坚持"克隆"生活原型的方案，则需要大量时间去做每家每户的工作。迫于时间紧、生活原型迟迟不能确定，最后决定放弃此方案，执行"艺术塑造"的方案。如果采取"艺术塑造"方案，作品仍需具备如下条件——具备原创特征，具备时代特征，具备地方生活特征。

方案一旦确定，接下来便是如何控制人物体量和数量的关键环节。经论证，在这样一个空间内，要想使画面饱满、富有视觉张力，至少需要 18 个人物进入设计场景。结合卡车体量和整体画面的需要，其中 10 个人物的身高需要控制在 1.9m，5 个控制在 1.8m，2 个控制在 1.7m，1 个控制在 1.5m。在艺术塑造过程中，部分人物的体量根据后来画面的构图微调，做了相应调整。

造型统计人物

人物动态表情设置统计

人物形象艺术塑造统计

### 3. 卡车体量，角度控制

背景画面长 18.5m，高 9.5m，以卡车为主体的圆雕部分长度应该在 18.5m 内。经模拟，卡车外侧最佳长度应控制在 5.8m，装放家具后高度应控制在 4.5m，宽度不变。根据构图和空间需要，壁画和卡车要形成一个对接夹角，通过剪纸模型和泥稿小样的缜密实验，得出车身和壁画的最佳角度应为 45°。如果大于这个角度，作品形体就会显得散乱且影响交通；如果小于这个角度，则前后空间变薄，观赏视角受限，可阅读信息量减少。

乔迁大吉 / 手稿

乔迁大吉 / 小稿

生活道具采集与组织

### 4. 道具采集，信息量控制

《乔迁大吉》这件作品反映了绳金塔棚户区一户家庭正在装车，准备乔迁新居的喜庆场景，通过一个家庭的变迁，折射出一个城市的变迁、一个时代的变迁。为了使作品能够准确传达地域特征和时代特征，卡车上装载的家具及日常生活用品是传递视觉信息的重要来源。团队曾深入绳金塔棚户区，采集了 100 多件家具、家电等日常生活用品，艺术家将这些采集来的生活道具筛选、组合，然后再装车定位，最后用彩条布对其加以覆盖整合，彩条布的"魔术效应"瞬间赋予了雕塑特有的团块感、整体感，同时丰满了主体，突出了信息量。接下进入分体铸锻、重新组合、固定焊接诸环节。

### （三）象

**1. 背景画面表情控制**

背景画面取材于绳金塔棚户区多处居民住宅，根据墙体承载的信息，我们可以阅读到故事所发生的时间、地点、事件等要素。画面通过蒙太奇式的剪辑手法，将以上来自绳金塔棚户区不同街道的生活画面进行无缝拼接，整合成一幅集聚绳金塔棚户区显著特征的生活画面，再将画面依四扇屏形式进行折叠处理，使原本平淡无奇的平面

空间拓展为极具视觉穿透力的三维空间，赋予了画面现场感、真实感。

背景墙的空间解决了，接下的环节是如何控制画面的色彩表情呢？如将背景画面设定为彩色，那么卡车、背景墙、火锅城的中式门头等跳跃的色彩势必形成一团杂乱纷扰的无序画面，作品的主体形象将被淹没，构图关系将被弱化，视觉节奏将被打破。鉴于以上原因，冷灰色成为背景墙色调的最佳解决方案。这样雕塑主体部分将从繁杂纷扰的视觉信息中摆脱出来，节奏感显得愈加明快，作品的整体感和当代气质得到提升。

**2. 人物情态控制**

《乔迁大吉》的艺术塑造近乎忠实复制，人物形象生动逼真，生活道具沾满时间包浆。正是这超写实的塑造手法，使作品充满了强烈的现场感。

比如，根据着装和卡车上方的书籍、青花瓷等可以看出，J01号和J02号父子的身份应该为知识分子；根据J02号、J03号的站位，可以判断出来二者为夫妻关系；J05号燃爆竹的男孩，空间位置略偏离卡车和家人，这个距离的设定既符合生活常理，同时也满足了画面的构图和布局；J06号持扇的老太太和J07号小女孩探出窗外向下张望，满脸喜悦，与下面的观众形成戏里戏外的互动关系；B01号这名手夹香烟、表情调皮的司机无疑成为整个画面的焦点；B03号拉绳工人的动态、视线和车顶以及B04号工人形成上下互动的关系。总之，作品中的每个人物、每件道具都不是孤立存在的，彼此之间既呼应又互动。

背景画面色彩处理

人物情态

### 3. 卡车选型

卡车在作品中占据最核心的位置，它是视觉的中心，卡车的选型和色彩定位将直接影响作品的时代特征及精神气质。为此，团队在杭州、南昌两地，针对卡车选型进行了两个星期的调研。先是对现有卡车车型、色彩、体量进行分类，然后编号删选。通过参考图可以看出，K01 号东风六连轴大货车形体过于庞大，显然不适合现场空间；K02 号消防车和 K03 号军用卡车无论造型、色彩都和作品题材偏差过大；K06 号老式黑色卡车体量够，但是造型、色彩容易让人联想到解放战争时期的军车；经比对，K04 号和 K05 号两辆蓝色民用卡车基本符合创作要求，但是，由于 K05 号车头过长，这将会占据过多空间；最终艺术家选用了 K04 号江淮牌卡车，因为是这个型号的卡车在当今的城市建设中最普遍，能充分体现时代特征，其体量、造型、色彩都符合创作需求。

### 4. 地面表情控制

作品的背景画面和雕塑的主体基本都偏冷色调，作品基础部分如果仍沿用道路和广场的冷灰色调，整体气息就会显得消极、沉闷。后来，十字街棚户区一堵风化的老墙进入了我们的视野，这堵墙由厚薄不一的青砖和红色砂岩组成，墙体材质、肌理、色彩都比较接近作品的表情。关于地面处理，曾经有两套设计方案：（1）平铺法，即将背景墙、雕塑和地面三者进行直角对接处理，此方案过于生活化、常态化，视觉上显得平淡无奇；（2）透视法，就是将地面按照 10°斜坡处理，并按照背景画面中的深巷走势做透视铺装，此方案强化了透视效果，丰富了空间关系。另外，由于有意保留了这块红色砂岩地面的斑驳感、包浆感，使得作品越发显得沧桑厚重、坚实稳定，如同一个重磅秤砣，将雕塑主体部分牢牢地牵制在一个视觉平衡点上。

### 5. 整体色调控制

中国画讲究随类赋彩，公共艺术一样需要随类赋彩。如何才能准确地表现乔迁新居的喜庆场景呢？整体色彩控制是尤为重要的环节。通过色彩模拟，艺术家大胆采用大众波普艺术结合写实艺术的表现手法，设计了三套色彩方案。最后呈现出来的场景是：一辆斑驳的蓝色卡车，载满五颜六色、五味杂陈的生活道具，车头佩戴鲜艳的大红花，身着"三彩绿"的搬家工，衣着迥异的一家人；红白相间的彩条布，沧桑、厚重的红色砂岩地面等在冷灰色金属背景画面的对比之下，使整个画面显得既跳跃又统一。

### （四）度

绳金塔美食街公共艺术精品长廊从设计、制作到安装完成，其间每个工作环节的对接基本都是通过联系单完成。据统计，关于公共艺术精品长廊的联系单先后共出具 67 份，而针对《乔迁大吉》这件作品的就有 12 份。通过联系单统计表，不难看出在《乔迁大吉》的制作过程中，艺术家对度的把握无处不在。

卡车选型

地面铺装

色彩模拟

密不透风、疏可走马是国画大家黄宾虹画面构图的一个显著特点，《乔迁大吉》的画面构图、空间构成、色彩处理等方面都大胆地借鉴了中国画中的经营原理，密不透风、交叠堆砌的家具，疏密有度的人物布点，平中见奇的背景画面等，都应归属对度的准确把控。《乔迁大吉》中的度体现在对"场""量""象"的合理控制，体现在对"场""量""象"的综合"回响"。

回看《乔迁大吉》的创作全过程，我们发现，"度"是那块彩条布包裹的"魔术效应"，"度"是那块沉寂的红色砂岩地面的"秤砣效应"，"度"是猫、狗和持扇老人的"互动效应"，"度"是审美的体现，"度"是智慧的体现，"度"是修养的体现，度是艺术家对《乔迁大吉》这件作品"细心经营"的体现。

## 三、结语

公共艺术创作过程中的场、量、象、度，是艺术工程中必然面对的综合性问题，这些因素既属于公共艺术创作的技性范畴，也属于智性范畴，是对每个公共艺术工作者自身格局、自身修养的综合考量。在《乔迁大吉》的创作过程中，对场、量、象、度的控制应该是当代公共艺术工程创作中的一个典型案例，也是一种创作方法。通过这个案例，让我们看到了作者在创作过程中的精品意识与经典意识，"一个经验给我们提供了一把理解审美经验的钥匙"。那么，一个对场、量、象、度控制的"过程精品"，必然催生一件艺术精品。《乔迁大吉》的创作实践无论从丰富公共艺术的创作方法，或是阐释公共艺术的概念等方面都能提供积极的参考。今天，一个大公共艺术时代已经悄然而至，中国的城市公共艺术希望跻身世界前列，但真正反映本民族特性的，能提升城市文化品质的公共作品不是很多。如何创造能真正反映自身个性特征、独立价值和时代精神的，并把个性特征、时代精神和自然环境高度结合的精品力作，还需要我们去思考，去努力。

文 / 岳鸿海

《杨奇瑞与〈乔迁大吉〉的艺术创作》

乔迁大吉 / 观众互动

乔迁大吉 / 综合材料 /2014

# 杨奇瑞谈
# 三条历史街区的创意（节选）

杨：杨奇瑞

臧：臧雪

采访时间：2018 年 12 月

臧：您一直关注中国的城市化进程，20 世纪 90 年代初，中山路开始大拆大建，这也是《杭城九墙》产生的契机。与此相比，成都宽窄巷子和南昌绳金塔街区各有什么特点？它们要解决什么问题？

杨：四川的文化对我还是有吸引力的，四川城市的历史风貌保留得也比较好，所以他们请我做宽窄巷子的时候我就去了。同时，我也想在《杭城九墙》的基础上再有所突破。当时做《杭城九墙》时，有些尝试的苗头被否定掉了，比如科技的因素，因此我想是不是可以在成都做一个尝试。后来在项目的实施过程中，也确实比杭州简单得多。做杭州中山路的时候，毕竟是杭州市政府通过学校和我对接，是比较间接的，而成都是把它当项目看，所以很快就能进入决策的层面。另外，我的方法往往能够一下子找到契合点。所谓契合点，就是创作的要点和老百姓喜闻乐见的点。这个项目到最后是我们自己在说话，添加什么、做什么、不做什么，他们看个大概就可以了，所以先天条件非常好。做这样一个项目，我注意到这几个要点：第一，宽窄巷子的设计品位、文化品位，包括它呈现状态的成熟度已经非常好了。还有我熟悉的一个艺术家叫朱成，他以前做了一些作品也很受欢迎，这一点也让我有动力，觉得要做得更好才行。第二，研究材料、研究历史、挖掘历史是我的强项，在大量庞杂的材料中找到那些艺术上能够一语中的的东西，这些独特的部分，恰恰就是我认为做艺术不能丢失的。做任何艺术都要有自己的独立性，如果把它当成工程业务，那你就顺着人家的心思走好了。我在前面已经完成了跟业主的沟通，现在就该我自己来把握和呈现想

三眼井

三眼井 / 夜景

表达的东西。

　　在历史资料中，最重要的是找到那些具有发现性的，能走入人内心的素材。像《旧居回响》《少城家书》和《老井镜象》都是我找到的东西。因为在一个城市街区的变迁中，新、旧一定是在一个时期中同时存在的，一个地方的老百姓是最有温度的部分，是记忆即将消失的部分，所以就做了《旧居回响》。

　　在《少城家书》中，我考虑的是：这个街区和更广大的空间关系是什么？历史空间的想象有多少？所以，我就把一个历史段落的情景设置在 20 世纪 50 年代，中国在进入新社会后，社会关系发生了变化，所有人的命运也都发生了改变。在一个家庭里，儿子可能被要求去很远的地方工作，而父亲还守望在少城这里。宽窄巷子的另外一个名字叫少城，这是一个街区故事，也是中国的故事。这种邮筒、邮递员和书信体现的是过去的邮递方式，老人家都特别懂，能站在这里看上很久。因为它在今天消失了，再也没有这种邮递方式了。

　　《老井镜象》就是日常的市井生活，这种水井边的故事也要消失了，我们把它加以还原。井旁边的这块水迹，是我在宽窄巷子考察时看到的，院子里的一滩水并不在真实的井台边，但我觉得应该把这摊水复制一下。这摊水在地上，就是水迹没打扫干净的状态，但是把它竖起来就变成一种情怀。这就是艺术，换一个角度，就变成了另外一种东西。井圈还是那个井圈，井台还是那个井台，水迹也凝固了，井里的内容全变了，变成了三个故事。三个不同年龄、不同身高的人在这里看到了不同的故事。有的井里能看到实时影像，就像监控一样，可以看到马路上行人的反应。有的人在这里看老照片，有的小孩在这里看井里面的万花筒，每个人在这里看到的都不一样。这些都是记忆、时间、空间、怀想、温度，在资料总结中梳理出需要的东西，后来又在南昌做了一个《三眼井》。

　　在这里还有一个必须要说的问题，要进行反思。宽窄巷子曾经是清朝八旗子弟军营的驻扎地。清朝为什么没落？一个直接的原因是军队的没落。我就用了一匹马，创作《骠骑思征》，寓意马的一生被困在马厩里，无所作为。这件作品让人联想到这个地方曾经是个兵营，联想到清朝的没落，都是能够组织起想象的故事。这个构架就注定了这组雕塑不是一个博物馆展品的复制，也不是街头小品，它是有温度、有深度、有阅读感的。

尽管我在杭州已经做过《呼吸瓦墙》，放在这里也很合适，因为成都一带就是这种小瓦屋顶，所以人们接触到这些符号就很容易被触动。这些思路很多人都有，但是你要把它组织成一件作品，要叫人体会到你的用心，即便说不清楚，也要叫人能深刻体会到，能唤起那种念想和暖意。

《耙耳朵嘛》是我认为非常接地气的一件作品，任何人坐在这里都是百搭的，看上去都像一家人。观众为什么会在这里排队？即便没有人去引导，他的视线和空的位置也一定会吸引人们去尝试一下。一旦有人尝试坐下后，就可以给后面的人做个示范，这个画面很有趣，大家就会跟进来。这个造型的选取和制作也下了好多功夫，开始总是做得不到位，因为学生们没有这个体验。他们不知道，那个年代一个顾家男人的形象应该是什么样的，这个动作和服装应该参考哪个时代。这里用了二维半的手法，原来都是照片，出来渐变成了立体的胳膊和头，这里用了一辆自行车做效果。做《杭城九墙》时用了一辆自行车，《少城家书》也用了一辆自行车。同样都是自行车，但三辆之间是不一样的。仅仅是因为嵌入墙中，在认识和习惯上发生了变化，这辆自行车就变得谁都想摸一摸，这也是很值得研究的。多少破自行车放在旁边，人们看都不会看，但一入墙面后，就这么受欢迎。

南昌属于历史街区，有很长的历史，但现在就是个杂居的状态，乱七八糟，藏污纳垢。政府想把它改造成美食街。我做南昌的《乔迁大吉》，就是觉得这是整个30年城市变迁、街区变迁的缩影，能够呈现人们搬家时的矛盾而复杂的心理状态。

臧：这些人物形象有找当地的吗？

杨：有些是特别设计的，有些是扮演的，3D扫描打印出来。我没有用塑造的方法，因为塑造会让人分散一部分注意力在塑造技法上，好像在炫技。这里完全去除技巧，因为还原生活本身不在于它的差异性有多少，而在于整体形象的真实性与共通性。仿佛所有的事物都来自这样一个相同的时代背景、空间背景，里面的人物都貌不惊人。大家在一个共同的空间下，彼此的精神状态和情绪的对比，就像定格的舞台场景一样，组成一台戏，一张风俗画。这个地面都是房子拆下来的砖，铺成了一个坡地。

臧：您觉得在处理这三个历史街区的时候，它们之间有什么区别吗？

杨：杭州毕竟雅致细腻、含蓄内敛一些，有情怀、有想象的作品在这里比较容易被品读；成都的街区样貌和生活气息跟杭州差不多，但人群性格还是不一样，他们看到作品也会有所触动，但更多的是嘻嘻哈哈，好玩开心；南昌也不像杭州那样细腻，所以就要热闹一些，接地气一些。《乔迁大吉》放在杭州的话可能就有点水土不服了。同样一个艺术追求，对环境文化的解读，还有观众的处理方法是有些不同的。但他们都有共同的东西——就是故事性、叙事性，把生活中的现成材料拿来构成一件作品，非常温暖而真诚。同时注意回避过分的设计，回避做作的痕迹。第二个肯定是都抓住了观众喜欢的内容，但这个喜欢不是低俗的，而是恰如其分地找到了观众内心的"痛点"。

臧：您在做《杭州九墙》的时候，以静态的装置雕塑的形式呈现。到了宽窄巷子开始加入一些声音装置、机动装置，南昌的时候又增加了大型实景演绎。

杨：对，这个话题很好。因为四川话很有特点，很有意思，所以在这里我要把声音艺术放进去，但声音装置不是弄个录音机、搞个 CD 就行了，要考虑把四川话设计在一个什么环境里。在《旧居回响》里，让物件发出声音，没有人，只有物件，这就有意思。观众一看这些东西就觉得很自然，不是刻意设计的。电话哒哒哒响，接起来里面有人说话："你是谁？""我是谁谁谁"，唠叨一番。而且不是直接让电话铃响，是观众摸旁边石磨的时候听到电话铃在响，观众就会疑惑，握着石磨怎么电话铃会在响，她们之间完全没有联系。但是在这场景中，什么都有可能发生，"喂，你怎么还不回来吃饭？""我在干什么干什么……"，这对话观众听了就觉得有意思。还有电扇、缝纫机的声音，播放着老川剧的留声机声音，但是这些东西并不是要按一下按钮才播放，而是在触碰到别的东西时会发出。所以这个《旧居回响》就变得有意思，你不能把它设置成一个博物馆的机器——下面请欣赏四川话，那就没意思了。一定要让观众觉得完全没有联系，就有意外，看似没联系，

内在又是有联系的。因为旧居那种既熟悉又陌生的感觉，观众脑海里尽是问号，所以一切都变得合理了。《旧居回响》将破旧的东西框在里面，柜子啊椅子啊，但是它很有吸引力，让你想去触碰它，一触碰到什么马上就有反应。旁边看的人，先是不明白，然后就不由自主地凑上去，东摸摸西摸摸，动起来以后就吸引更多的人。这时候，你会觉得很有意思，通过幽默、真诚、有爱的用心设计，把他们都带进去，所以大家会觉得特别满足。

臧：到了南昌又有大型实景演绎，我感觉是一步一步地往前走，媒介变得越来越综合了。

杨：因为我一直想做这个事情，当时做世博会，我就觉得可以把实景演绎放到户外去。后来南昌做街区改造，那里是南昌市中心最古老的历史街区之一，也是省会城市中改造比较滞后的项目。当时业主和当地政府的诉求，是把这片棚户区变成体现南昌美食文化的商业街区，要想办法通过做公共艺术把业态激活，当时只是有白天把这片街区作为空间改造对象的任务。而我去考察的时候，就发现街区的那种破败相，很难想象只是把这里整理干净，改造成美食街就会令人满意。美食往往和夜市有关，如果晚上没有艺术介入，美食的业态就难发展起来。后来在调研环境的时候，我发现棚户区旁边有绳金塔庙，庙里有绳金塔，而塔有上千年的历史，还有一个古戏台。一塔、一台、一庙墙，令我有了空间上的联想，有做一个光影秀的灵感，把业态的内容设计和艺术创作联系起来。当时还没看到绳金塔有什么故事，但是根据我的经验，塔是用来镇妖、辟

邪、祈福、保一方平安的，一座有千年历史的塔，一定有神话传说。后来，他们给了我很厚的资料，还有连环画，里面就讲了绳金塔的故事和南昌的民间传说。从宝塔降服黑龙，到老百姓的善良与丑恶，到日寇来绳金塔盗宝，逢凶化吉，都是典型的中国式故事。我回去就把绳金塔以及相关联的民间故事全串起来。在这个过程中我发现一个特点：关于本地的文化，有的人全盘自我批判，有的人非常自豪，有的人批判与赞扬参半。但是在大部分人的内心里，其实还是想找到自己值得骄傲的部分，就是地方的自豪感。我认为民间故事可以实现这一点，可以实现地方的尊严和自豪感。所以首先要把故事组织好，演出的故事段落不能太长——大家都站着看，不可能像室内电影院那么从容，要控制好时间。我写剧本有一个特点，写的时候就有画面感，有情节，有镜头，画面内容的衔接、艺术处理的技巧都在剧本中体现出来，不像有些剧本故事归故事，技术归技术，导演有台本，要分三四个部分才能交代清楚。并且，这不是电影，不是电视剧，是跨媒体180°的空间，所以叙事结构、画面的连贯关系和技术的采用都是比较独特的。跨媒体光影秀在当时是个新生事物，虽然中国的投影设备和技术发展很快，但当时国内的行业现状是，很多城市做了户外光影照明秀，但不是以创意、独特、感人为目的，而是作为地方的宣传。我把表现载体和观赏空间都放在180°，甚至270°左右的空间里，情节的组织、内容的连贯、视效的逻辑、体验的浸入、视觉的冲击、演绎的效果、观看的方式都要考虑在内。跨媒体光影秀不是简单的建筑投影、灯光勾边，也不是宣传片，而是有情怀、有历史、有在地性、有原创性和品质感的作品。

在具体的艺术处理上有以下几个特点：一是画面内容在戏台、塔、庙墙三个空间穿来穿去，这种空间中的自由穿越很特别。因为三个空间是没有实物联系起来的，而是通过形象和情节逻辑，像画一样，笔断意连。龙从戏台穿到庙墙上，钻入塔中；火从塔上蔓延到墙上，这是一个艺术创作特色。另外，要在塔上做内容是很难的，因为塔是上下看，不是左右看，观众很想看到一层是什么，二层是什么，所以就要思考怎么去设置故事和情节。其中一幕是龙对塔的破坏，塔来镇妖，龙与塔有对立、冲突的关系。龙钻到塔里做破坏，塔也被震塌了，这些情节特别能发挥3D视效，塔塌掉的真实感特别强。国外有在建筑上做裸眼3D，把建筑上的结构解构、软化、变异，而我们的设计由于和情节联系在一起，就变得非常有逻辑。塔上的设计除了龙，还有嫦娥，每一层都有嫦娥在跳舞。这里的艺术处理在哪里呢？塔离观众的观赏距离有100多米，比较远，这就发挥了我们艺术家在内容和情节上的独特设计，利用视距弥补了技术上的不足，所以看起来是一件很完整的作品。二是要用老百姓看得懂的语言，朴素的语言。艺术家再深刻的想法也要讲好老百姓的故事，讲好人文和历史，不是炫技，而是一定要落实在真情实感上。这是我做公共艺术的一贯理念，做出来老百姓一定喜欢，不故作高深，要接地气。后来《金塔传奇》40天就出来了，本地老百姓非常爱看，口口相传。几年下来，每晚两场，很受欢迎，成为一个火爆景点，地方政府也觉得好，做了很好的宣传，引得游客、外宾都来看。晚上的业态自然就火起来了。晚上五六点钟在街上吃饭，逛一逛，等到天黑时看《金塔传奇》，变成一个套餐，周边街区的氛围自然

南昌理发店 / 手稿

南昌理发店

就带动起来。做公共艺术，我希望能产生最大的效益，无论是商业的还是文化的，让来到这个街区的人不仅有物质体验，也有精神体验，体会到南昌的历史底蕴。公共艺术介入商业和城市，肯定要有这个功能，所以这是个非常成功的案例。三是《金塔传奇》的意义，是在公共艺术中进行地方性的叙述，再就是用了一个在当时比较有创意的手段——户外的跨媒体秀，这算我的首创，也启发了一些人。我也很少重复自己，每次的公共艺术作品都是全新的、独一无二的创作。再普通的故事，就像牛郎织女，利用公共空间和叙事方式都可以做得与众不同。

臧：所以这种媒介的演进，除了随着时间和科技本身的进步，您觉得还是跟场景和场所有关系，就是这个地方适不适合用这样的手段？

杨：对，我的作品很注重与空间环境的关系，注重在地性。

空间算是一个要素，不同人都会有解读，空间里可以放各种各样的东西。在已知条件下，如何能够做到独一无二，这是艺术所追求的。我的工作是做到独一无二，独一无二还不行，还要持久，还要暖心，要有人喜欢。这种喜欢是真诚的，你看到会觉得非常满足，会觉得："哦，原来艺术的力量还可以这样！"

臧：能讲一讲《南昌理发店》和《外婆灶台》吗？

杨：《南昌理发店》来源于当地人都会讲的这条街上真实的存在：一个空的理发座椅，然后这个理发师在后面做出理发的样子，人们来看到这个空位置和这个人的动态，自然就会坐上去，坐上去以后就变成这个理发师像在为无数人理发，很有趣，这是一种生活的诙谐。《外婆灶台》实际上讲的是南昌的普通人家，外婆在家做饭，等女儿、女婿和外孙回家吃饭。饭做完了以后，怕凉了放在锅里，锅盖半掩着，游客和观众就想看锅里做了什么，就很有人情的温度。南昌还有一个重要的探索，但受工程制约，效果不算太理想——现成品的地景艺术，把电线杆、门、房子现拆下来的东西放在地面下变成水景，水注进去，还有鱼游来游去。可惜供水不正常，水时有时无，所以这属于工程上的遗憾。

臧：您觉得在成都、南昌的方案设想跟实际实施，还有什么矛盾和问题吗？

杨：就是刚才说的，我在南昌尝试在地下做地景，方法跟九墙一样，现成品，有叙事，还有一些意外的体验。但在地下实施的难度比墙上要大得多，尤其加了新的创意，加水进去。这个难度涉及工程上的供水排水，还有施工设计

上的精确到位，以及供水管理的可持续性问题——要有人及时清理，否则就会变成污水。这就是难度，也是在南昌创新时遇到的问题，创新总要付出代价。

臧：宽窄巷子也有类似的问题，后来也有一些损坏。

杨：对，宽窄巷子也是一个很独特的例子。作品放在那太受欢迎了，互动的人太多了。谁都可以去碰，对艺术品任何的举动都没关系。普通的艺术品，比如雕塑，我去跟它一块拍照，很多人摸过以后会有一些局部发亮。但是我这个作品很多样，不光雕塑，还有机动装置，比如瓦墙，有人把钢条都抽掉了。最主要是因为游客参与性过强。有些老百姓来就在上面写"×××到此一游"，留下各种各样的名字。时间长了以后，雕塑完全被这些签名所覆盖。比

外婆灶台

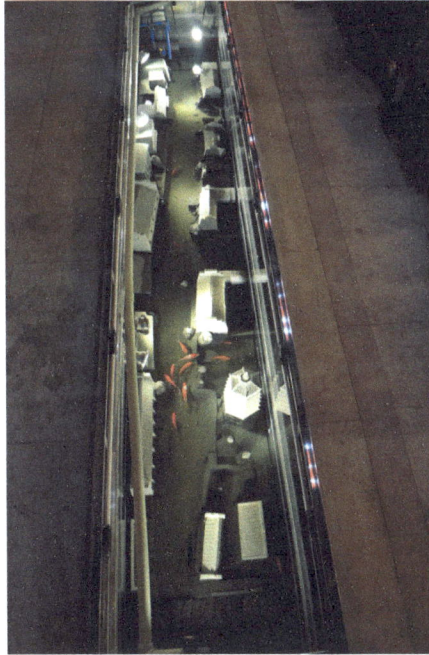

如《呼吸瓦墙》，每一片瓦上都写了很多字，你会发现瓦墙上这个字被盖上，好像是有一种新的艺术覆盖了它，这是由四川参与性的文化所形成的，当然管理是另一方面。而这里的文化决定了，大家都愿意掺和一下，都愿意吆喝一下，凑凑热闹。所以《成都九墙》基本所有地方都被覆盖了。有些覆盖倒也不难看，感觉就是时间的艺术和互动的艺术加入后产生的另外一种效果。有些就对作品造成了干扰和破坏，因为它不该被文字覆盖。在杭州没有出现这种情况，南昌也没有，这是一种有趣的文化现象，不能单纯理解为破坏公共财物。

臧：您今天再看杭州中山路项目，有什么评价呢？

杨：现在有一个问题是，这些作品都是在对城市化进程的思考中产生的。经过了十多年，主要城市都已经完成了更新。观众的人群也在发生变化，比如《杭城九墙》有老爷爷在看，他们的孙子也在看，因为老爷爷和孙子曾经同时住在这里，他们会觉得都有记忆，只不过深刻程度不同而已。小孩可能体会不到这个更新的意义和强烈程度，觉得换地方住是很正常的，但老爷爷觉得这是祖屋，所以感觉不一样。因此《杭城九墙》当时的反响是强烈的，但今天这种意义会慢慢褪去，就没那么鲜明了，因为能唤起共鸣的人群在减少。《宽窄九墙》要稍微好一点，《南昌九墙》又更后面一点。南昌城市的新旧更替是刚发生的，即便自己没有搬家这个故事，但是看到这个热闹场景也是好玩的。做《杭城九墙》的时候要纯粹一点，艺术性更强，不是强调公共性与互动性，更有用经典与现代手法结合艺术

的分寸感。《杭城九墙》的这些画面都是很高级的，斑驳的墙面、肌理，色彩关系看起来杂乱，但是有统一的灰调子，还有彼此的构成关系，形式语言非常讲究。人们在生活当中这么走来走去没有什么，但是在这个画面当中就很有构成感，场景很经典。

臧：您觉得这三条历史街区有留下什么遗憾，或者是觉得可以做得更好吗？

杨：《杭城九墙》的遗憾有这几点：不尊重作品的存在，楼上的茶馆在我的作品上面种了很多植物，植物挂下来，变成了画面上覆盖的部分；还有人复制我的手法，在南宋御街的入口也做了一个框，把原来艺术创作的部分挪移为商家经营性的搭建。

《宽窄九墙》的遗憾也是后期的管理。原来一些互动的作品，比如《呼吸瓦墙》的开关在墙的另一边，那边是一户人家，因为有机电的声音，所以他们坚决反对一直开启。《旧居回响》里面有唱戏，墙外面都是居民，他们也觉得吵，而且这个作品的控制开关也在后面。总而言之，这些机动、互动的部分需要加强管理，如果没人去管理，没人去协调，就会长时间没有互动。这是个很大的遗憾，也让我开始思考互动性公共艺术存在的问题。

# 第 6 章

# 杭州地铁：打造城市名片

## 一、背景介绍

自 2007 年杭州地铁项目实施伊始，中国美术学院就接受相关部门的委托，实施杭州地铁概念和形象设计的初步方案。经过了大量的前期论证和准备工作，对十条线的杭州地铁公共艺术进行了总体规划方案，即"一站一故事，百站一部史；一线一表情，十线城市景"。

在一号线的公共艺术设计项目中，中国美术学院公共艺术学院负责三个站点的创作：火车东站站、婺江路站和江陵路站。

## 二、杭州东站站

杭州火车东站枢纽北至德胜路，南到艮山路，西至石桥路，东到沪杭甬高速公路，占地面积 9.3km²。作为杭州历史上最大的建设工程，全国 9 个省会城市巨型火车站中最后一个项目，杭州火车东站将成为"长三角"集客运专线、城际铁路、干线铁路、地铁、客运、公交和运河码头等多种交通形式和配套服务设施于一体的重要现代化综合交通枢纽中心。所以，火车东站的公共艺术配置必须要体现出该站点的重要地理位置及"杭州窗口"的特点。

在设计火车东站站公共艺术品之初，团队做了充分的调研工作，从历史、人文、经济、地理、场域空间等多个维度进行了全方位的解读。作品安置的空间是在地铁站的站厅层——一个相对封闭，同时又有很大人流量的地下空间墙面上。作品的艺术性、安全性、互动性等都是团队需要考虑的问题。面对一个长约 20m、高约 2m 的巨幅画卷，什么样的创作形式既能契合主题，同时又富有新意呢？

一个画面悄然而至，一节地铁车厢内，人潮涌动，各种年龄、各种身份的人物粉墨登场，由刚进城的务工人员、时尚的购物女郎、谈笑中的 IT 精英、返校的大学生、外国背包客、热恋中的情侣和滑板男孩等各种带有特定标签的人物组合成一幅生动的地铁乘车图。这正符合了火车东站作为交通枢纽要道的特征，"快城快客"也成为整个创作的主题。同时，空间的错视处理及人物画面的叙事性成为整个作品的亮点。

在方案获得认可后，团队进行了设计的深化。我们在效果图上充分研究了每个地铁车厢的细节、颜色配置及人物构图关系。之后，进行了前后两轮的泥塑小稿制作，一边研究层次的递进，一边对车厢内的细节做了有效的调整。因为方案是浮雕形式，我们需要在厚度为 20cm 的深度里体现出真实的车厢空间，所以，空间的压缩和材料的选用是最为关键的问题。如果按照传统浮雕的制作方法，我们可以直接用泥塑做出层次，然后统一锻造加工，最后以单一色调呈现。但是对于地铁空间这样一个相对封闭的地下空间来说，人们更需要为之一亮的色彩，需要更加强烈的视觉体验。最终，团队决定采用金属着色及二维半塑造的创作方式。

所谓二维半塑造，就是以平面彩绘加上浮雕彩塑的制作手法。其最大的难点在于把握立体造型与平面图形之间风格统一的问题。在经过无数次商讨与尝试后，团队最后决定以金属腐蚀着色来制作整个地铁车厢的背景，采用浮雕人物彩绘及综合材料装配的办法。这打破了传统的浮雕创作模式，是一种全新的诠释现代公共交通空间的语言。

当然，在制作过程中也遇到很多问题。比如浮雕与平面结合的接缝不能大于 3mm，否则会出现前后脱节的视觉黑线，而国内目前浮雕金属浇铸技术还相对落后，浇铸的成品往往会出现不平整甚至"翘边"的现象。解决办法就是把铸件放在钢板上进行无数次的找平，确保周边高低差缩小在 3mm 以内。

由于地铁入口处相对狭小，长 20m 的浮雕不可能一次性进场，必须得分段由人工抬进场。长 20m 的金属底板被分成 3 段，每段的重量已经相当沉重，如果事前跟浮雕固定在一起是根本没法搬运的，而浮雕着色却是必须两者结合在一起时进行，否则色调无法统一。所以团队先在加工场地把两者固定在一起进行统一着色，然后分别入场拼装，如此反复加工虽然繁琐，但是作品最后呈现的那一刻，大家都倍感欣慰。

"快城快客"是城市高速发展的见证，是城市间各种人群的写照，亦是地铁公共艺术的独特陈述方式。它用平实的语言述说了城市的故事，用全新的形式展现了当代公共艺术的新可能。

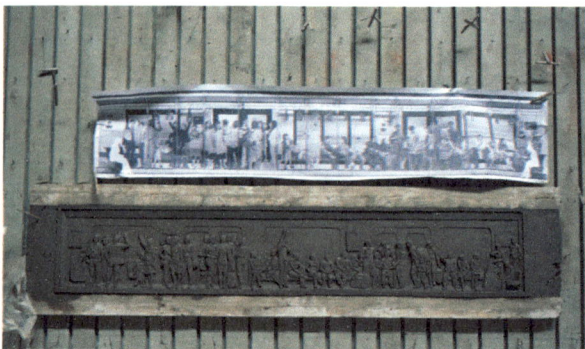

快城快客 1:10 泥稿

小稿着色

铸造、锻造成品

施工过程

火车东站站 快城快客

## 三、婺江路站

　　婺江路站位于杭州秋涛路与婺江路路口处，在城站和近江站之间，在1号线的34个地铁站中属于重点站。车站形式为地下双跨岛式，地下一层为站厅层，地下二层为站台层，是唯一一个具有挑高中庭的站点。站厅层墙面的长度最长，因此，公共艺术创作在长度上有较大的发挥空间，但站厅层吊顶偏低，站厅层层高仅为2.35m。

　　这面公共艺术品墙长达52.7m，是15个有艺术墙的站点里最长的。设计团队开始尝试了很多种造型，比如折页式、移门式，进行了反复推敲，但总觉得不尽人意。后来在一次讨论方案的过程中，设计团队觉得如果换成波浪式，可能会更符合鱼群游动的运动规律。波浪的起伏和层叠方式可以保证整个艺术品造型保持最佳的节奏和韵律，波浪造型此起彼伏，结合一群群游过的实体鱼阵，再加上不锈钢材质，波光粼粼，如海浪潮涌潮落般优美，同时又如同一幅展开的画卷，将杭州城市与"水"的渊源娓娓道来。因此命名为《江海潮汇》。与此同时，婺江原是一个渡口，人们在此迎来送往，宜采用"告别"作为人物创作的主题。经对杭州深厚历史文化沉淀的考量后，团队采用了四组人物告别场景，分别为：最忆是杭州、岳飞壮别、断桥相送和弘一法师。

　　鱼浪纹样的制作长至70m，后期加入鱼阵的分布，浪条之间、浪花之间、浪和鱼之间的关系，都需要一点一点地手工调节。为确定鱼和浪的合适尺寸，团队各个尺寸都截取了其中一段，进行等比例打印，经过不同比例样品的比较，确定了最终的鱼浪纹大小。

婺江路站 江海潮汇 / 造型研究

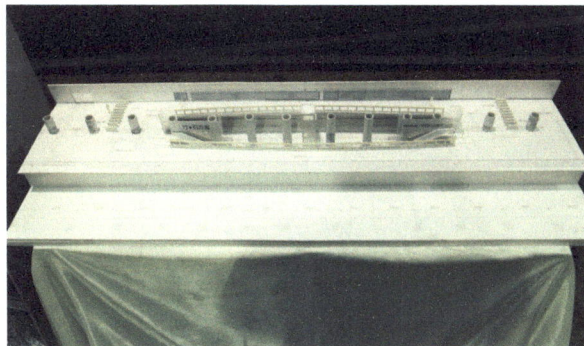

婺江路站 1:100 模型

断桥相送 / 手稿

岳飞壮别 / 手稿

岳飞壮别

最忆是杭州

断桥相送

弘一法师

最忆是杭州

在公共艺术品墙设计制作的同时，婺江路站的中庭玻璃风道的施工也要同时进行。玻璃风道位于地铁站厅层和站台层上下的楼梯和电梯之间，长10.8m、高7m，左右两边各有一个。根据地铁公司提供的资料，我们在玻璃柱体里面做了很多个方案，有竹石方案、竹山方案、地铁施工现场方案。当团队可以进入地铁站实地考察、跟施工单位进行对接时，却发现之前的方案是行不通的。这个部分之所以称为玻璃风道，是为了保证地铁站中正常的气流和压力，如果在其中置入公共艺术品，便会影响气流的进出，产生噪声。根据复杂的施工现场条件，团队决定在玻璃风道外部和楼梯、电梯之间的有限空间中进行艺术创作，将之前的竹山方案进行改进，利用不锈钢板切割，以薄片式、层峦叠嶂的方式将山形的不锈钢板相互叠加，并使鱼阵在其中穿梭，亦山亦水。为水时，鱼阵在水中畅游；为山时，鱼阵则化为山峰中缥缈的云，成为一幅具有现代感的山水画，妙趣横生。

公共艺术在地铁中的设置，既需要契合城市的自然人文气质，符合公众的审美需求，又需要考虑艺术品加工的材料和工艺，还需要考虑现场施工条件和其他限制，确实是一个复杂而又综合的创作过程。

# 四、江陵路站

江陵路站位于杭州市滨江区江南大道和江陵路交叉处的江南大道下，为地下三层岛式车站，车站大致呈东西走向，由主体结构和附属结构组成。本站为地铁1号线与规划中地铁6号线换乘站。江陵路站也处于滨江新区和杭州老城区的交接处，滨江区是杭州的科技产业新区，它的周边也是极具创意活力的软件产业基地、动画产业基地和创业园区，针对这种代表杭州新产业、新发展方向的地域特色，以梦想、活力和生活为方向进行创作和设计。

因此，"飞鸟翔云"成为整个站点的创作主题。作品以"飞鸟"和"翔云"两种图形作为基本纹样，叠加在中国册页式的整体空间造型之上，同时，"情侣""车手""气球女孩"三组人物在册页上构成一种极具杭城品质和生活气息的书卷式场景。

基于地铁本身的功能属性和杭州地铁"杭城云山"的整体定位，方案采用中国传统祥云纹样和飞鸟图案为基本创作语言，营造出了"山气日夕佳，飞鸟相与还"的悠然感和怡人的生活气息。"飞鸟"和"翔云"这两种古代纹样除了本身的吉祥寓意之外，飞鸟更给人一种温情的归家感。

在整体定位和设计获得认可后，公共艺术创作团队进行了进一步的深化设计。在这之前，团队先对荷兰艺术家埃舍尔的"迷惑的图画"进行了研究和分析，以助于"飞鸟翔云"组合纹样的设计。

埃舍尔的绘画充满着异次元空间的幻想，具备不可思议的魔力。在埃舍尔规整的三角形、四边形或六边形中，鱼、鸟、帆船以及各种动物在二维和三维空间中互为背景，变幻着角色。他的"鱼鸟变形系列"以一种菱形渐变形态，形成四方连续的图样，鸟和鱼衔接紧密，以微妙的形态逐步递进，从底部的正形鱼形、负形鸟形至顶部的正形鸟形、负形鱼形，整个画面形成一种完美的协调感。

江陵路站所用的两个基本元素——"飞鸟"和"翔云"

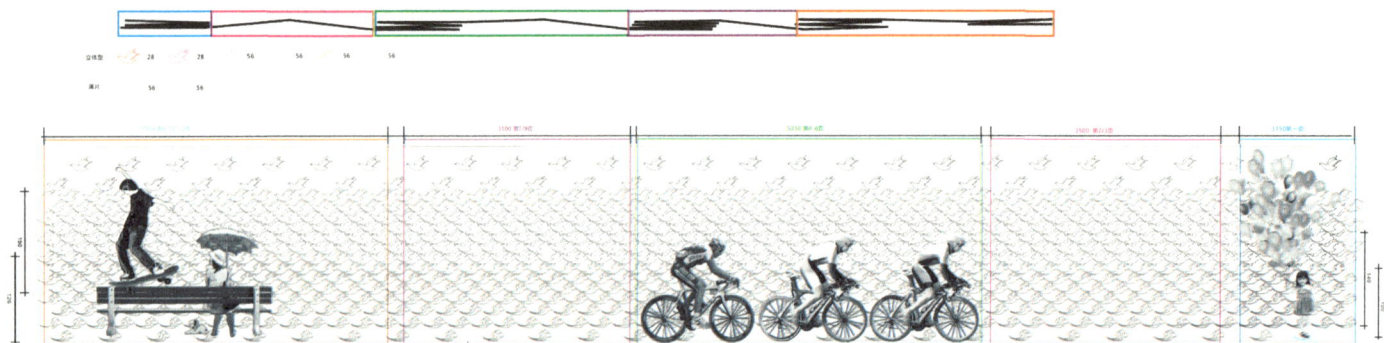

江陵路站 飞鸟翔云 / 施工图

江陵路站 飞鸟翔云 / 效果图

与埃舍尔的想象图样元素有着微妙的相似性。从中国古代纹样到现代的平面图形，鸟的形象从青铜鼎的纹样、古代文字形象、中国绘画中的鸟、到现代平面图形中的飞鸟图形，云的形象也是从古代的工笔画到现代的奥运火炬的平面云纹。原始素材多种多样，而要能够组合成互为背景的云鸟变形纹样，却需要在这两种不同形象的纹样之中寻找联系，在经过选择和再设计后，才能最终确定。

为了令"飞鸟"和"翔云"从图形和画面构成都有一种完美的和谐感，在视觉上形成渐变而稳定的交错感，《飞鸟翔云》的云从古代的云纹图样，逐渐演变成现代感的飞鸟形象，而在这个变化之中，鸟的翅膀也是经历了从最初的闭合至高空飞翔的转变。创作中以菱形的交织为基准，进行共计 5 种不同的图形组合，挑选后，最后确定图形方案。

在设计纹样图形的同时，我们也对艺术品整体的外观造型进行不断完善，外观上共有中国册页和日月同辉两

江陵路站 飞鸟翔云

种造型方案，最终选定中国册页为整体造型的定稿方案。

《飞鸟翔云》以中国册页为总体造型形式，以"飞鸟"和"翔云"纹样为主线，以生活场景化的人物故事为副线。册页是中国古代传统的书籍装帧形式之一，册页与卷轴也是两种中国古代典型的书画装帧形式。在整体的外观造型中，江陵路站公共艺术品将中国册页的传统造型进行艺术处理，整个艺术品在空间中起伏和交错。飞鸟的造型从底部偏向平面的鸟形微妙地变化至高空中半浮雕化的鸟形，形成了从平面至半立体化的变化，打破了墙面空间的平面感，在现代感中融入古意，同时又具备当代性。

人物设计共有四套方案：滑板少年系列、冲浪系列、赛车系列和气球系列。

"城市生活"中对于人物形象选择和设计是考虑的主要因素。因此，定稿方案中选择了滑板系列中的情侣、赛车系列中的两个自行车手组合和气球系列中的气球女孩三组人物来讲述发生在杭州的日常生活场景。

《飞鸟翔云》的三组人物展现了杭州年轻一代城市居民的休闲生活方式，以简练的创作语言讲述了生活中的艺术，也真切地体现了"艺术源于生活，而高于生活"这种对"艺术美"和"生活美"的朴素理解。

气球女孩举着气球，乘着云朵，飞翔而来，象征着梦想和希望。自行车手中的两位自行车手在云朵之上骑着自行车，从杭州江陵沿着西湖时代广场，向着钱江时代广场前进。滑板少年和女友在公园中的相会，也是青年人青春活力的写照。三组人物以素描画的方式，进行人物结构关

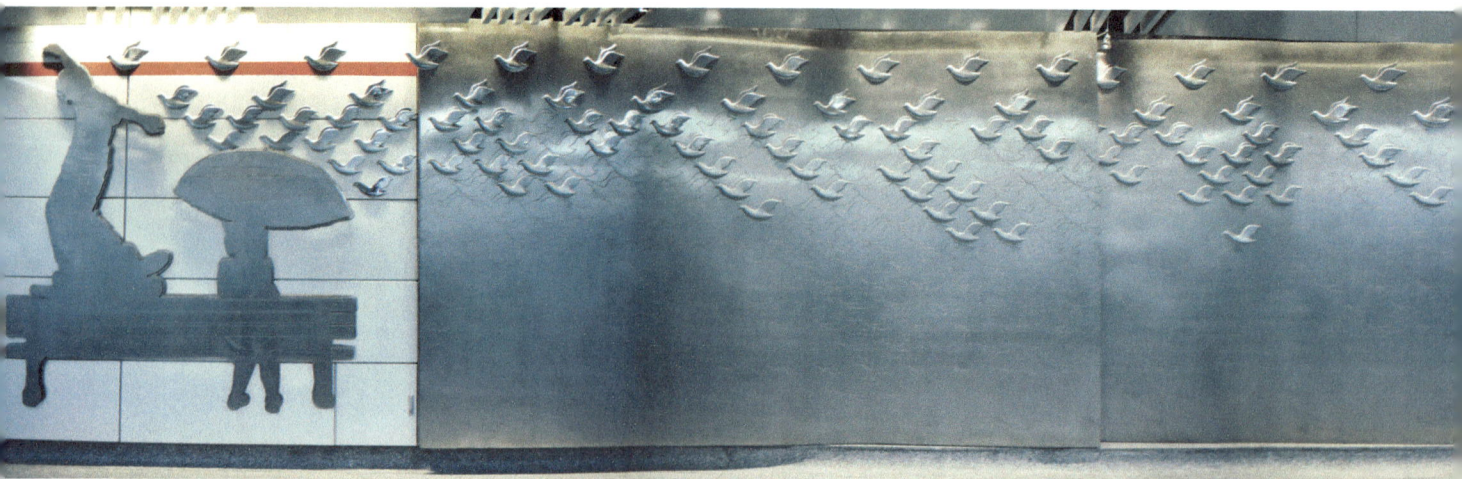

系的处理，同时，由于《飞鸟翔云》整个空间造型以及纹样设计的装饰性，以层层相叠的不锈钢板和中国册页的整体造型相互衔接。

在定案后，创作团队又对方案进行了深入修改，通过四轮的小稿创作以确定整体的空间造型，并对整个作品的外观造型以及册页的页面间距分布进行了细致的讨论和分析。对于纹样、造型以及人物之间的相互关系逐一分析，整体设计。地铁空间的大人流量使得艺术品的造型受到很大的局限，同时出于安全性的考虑，每个册页折叠的分布都限制在 20cm 以内。

在艺术品的施工锻造阶段，团队也遇上了许多问题。背板整体造型需要不锈钢锻造，再在不锈钢表面做腐蚀处理，而且还需要无缝拼接，增加了不少难度。另外，不锈钢锻造造型板腐蚀的深度和纹样之间的粗细，人物故事和整个册页造型之间的衔接和过渡，以及飞鸟的二维半浮雕造型，在整个册页上的分布和翔云之间的过渡衔接都特别讲究。团队对于纹样进行了不断修改，同时以叠加的方式巧妙地处理了故事化的人物和装饰化的纹样之间的矛盾，对有限的墙面空间营造进行了细致的考量和反复尝试，最终，在江陵路站的地铁站厅层一幅描绘杭州美好生活的册页画面完整地呈现出来。

《飞鸟翔云》是艺术和生活的交互融合，为我们展现了地铁空间中公共艺术创作的突破性和可能性，体现了公共艺术"独乐众乐"的创作初衷。

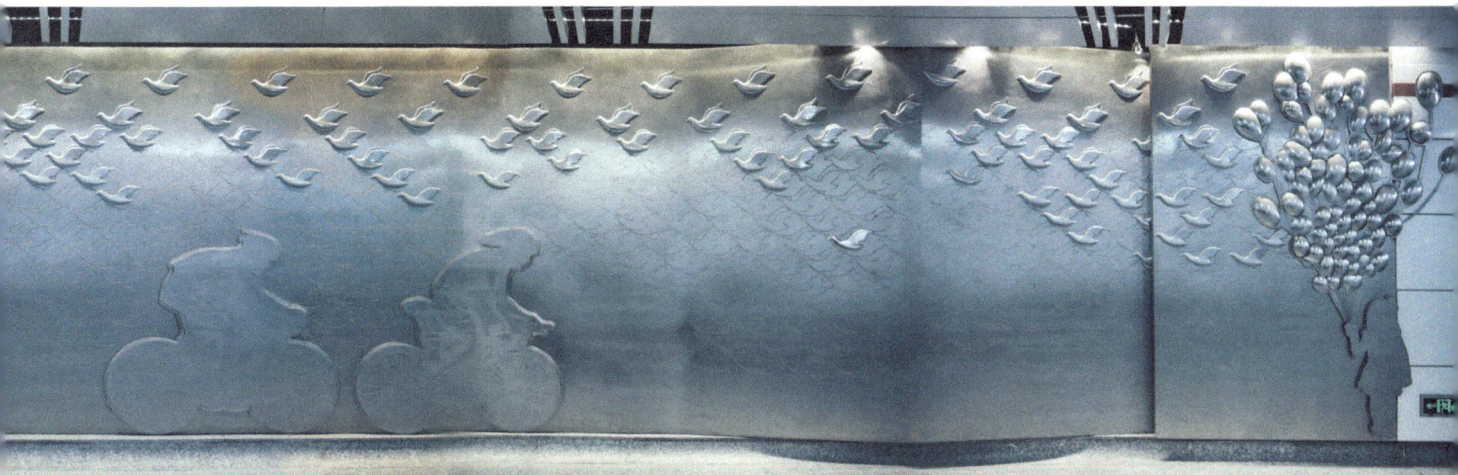

江陵路站 飞鸟翔云

第三部分

大型跨媒体
实景演绎

# 第 7 章

## 南昌绳金塔
## 裸眼 3D 灯光秀

## 一、场地说明

演绎区由绳金塔塔区、隆兴戏台区和山佛寺投影墙三部分构成，共 6500m$^2$，200°空间影像设计。

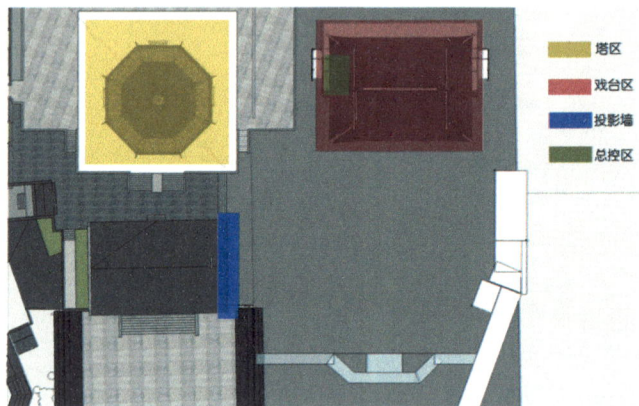

空间位置解析

三维模拟现场

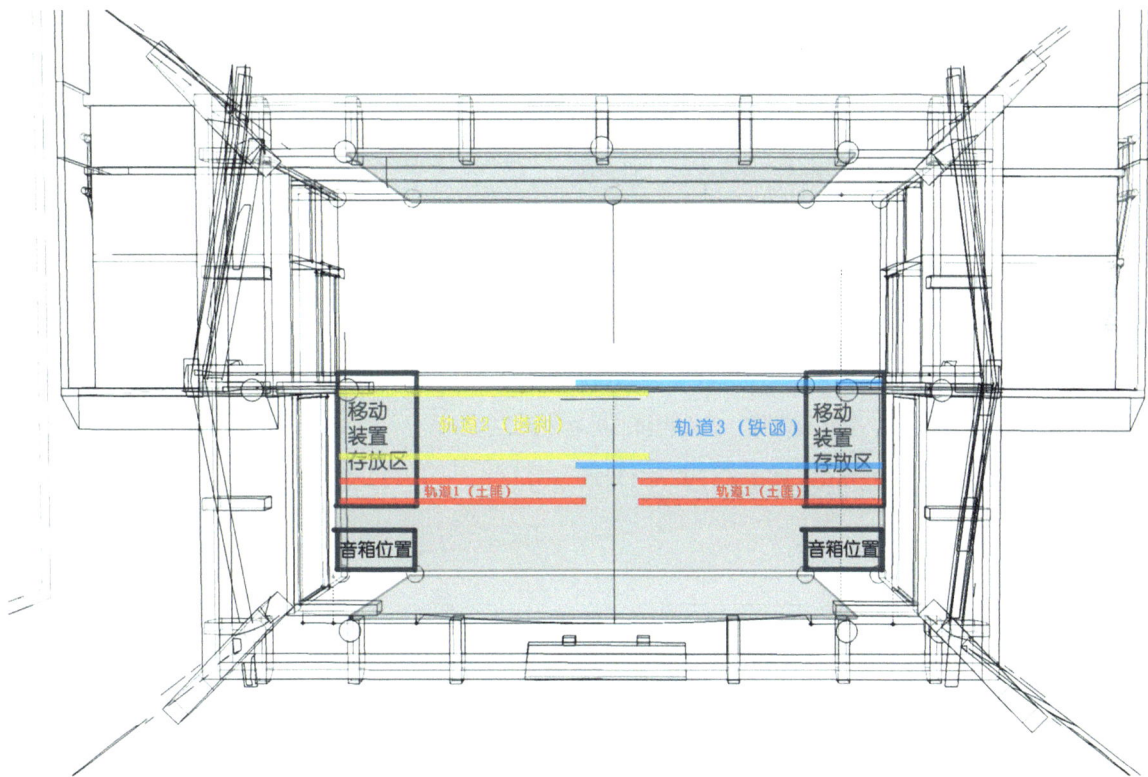

戏台投影方式解析

## 二、脚本展示

角色：牛郎、织女、二小孩、村民、七仙女、日侵略者、舞者、鼓手等。

放映开始：

起雾

塔、戏台、墙、树丛，200°视角下，呈现一幅老照片（黑白效果），并微微抖动（似乎有素描的笔触），在雾的搭配下，仿佛有悬浮感。

钟声响起，戏台上浮现一撞槌（3D效果），墙上鼓出一口大钟

空间场景：塔、戏台、墙、树丛等。

随着旁白进行的画面和视效：

• 塔上冲天而下之水的效果，墙、戏台、树有水色影动。

• 建桥（原片：须注文字年代）。

• 水浪中群鱼出现。

• 一鲤打挺于空中，在空中暂停，俏皮地眨了眨眼睛，复入浪花中。鱼群的表演：游动于墙、戏台、塔之间。

• 镜头抓住晶莹透亮的鱼眼，扩成特写，转为仰视，自下而上，看见鹅群游过来，呈现红掌拨清波的效果。

（3D 效果）。随着戏台上撞槌的撞击，墙上大钟震晃，发出轰响，地上的雾气亦随之起伏。三声之后，塔上凸现片名《金塔传奇》。大钟亦在摇晃中化为片名，台上大槌亦拆变成片名，冲向观众，浮于雾上。

背景音乐起，旁白开始。随之白墙呈旧纸色，书法体内容出现（竖字），按先后顺序至戏台，并悬浮。音乐现水流声：赣江故称"豫章水"，旧谚，三湖九津通赣鄱。南昌故称豫章城，被誉为中国水都。绳金塔是南昌的镇城之宝，它坐镇江城，水火相济，祈福佑民，屹立千年。人们世世代代生活在这里，留下了许多美好传说……

### 第一幕 渔舟唱晚

笛声音乐响起，画面色彩渐恢复正常，秋水共长天一色。暮色中，纺线与水面的芦苇先后交替呼应，连成整个场面。秋风秋色，白鹭入画，环飞整场，一轮明月从戏台面上升起，穿出屋顶，在屋脊上升出（装置的月亮）。屋脊出现云雾，整场画面色调在前面情景不变的基础上，戏台变为影像雾台。月影塔姿的正面，戏台屋顶同时变成了渔船。

一青年（牛郎）在月亮边吹笛而现，月亮中有织女在纺织。笛声中，云雾中，月亮自房顶逐渐隐去。戏台复现牛郎吹笛牵牛而出。与此同时，墙上纺车背景渐后推。现出纺女在纺线，背景为满墙的月亮。在满场的纱线飘绕中，塔上每层现出仙女们的舞蹈。牛郎也由戏台走向白墙边的织女身旁。

### 第二幕 妖患肆虐，佛旨佑民

大地撼动，雷声隐隐发作。上一幕的情景，忽然抖晃变色。戏

- 有两小孩子裸身冲入水中（水中仰视），搅得水由静变动。
- 白墙在水浪的作用下晃动。孩子自白墙游向戏台，冲出水面（可爱的），特写向观众吐水（此时有真水淋下，观众可以感受到）。
- 在墙上，浪花的水化为水车，翻动，流至戏台。水车转动中，渐变为转动的纺车，水流瞬间化为条飘动的纺线。

- 墙上的纺车依然轻快地旋转。

（原片舞蹈保持）

- 龙晃头时抖水可让观众感受到。
- 伴有风声。

台上祥云变乌云，妖龙出现，由乌云化出，由远及近。翻腾中，戏台抖晃，只见它恶鱼鳞甲、巨爪、龙首、目光如炬、龙须杂茂、獠牙巨大、舌壮如蟒蛇，在向观众冲继而现妖龙巨首，作了怒目、张口、吐舌状（舌长如变色龙），似乎要卷走观众，摇动几下头，翻腾下，张开巨口猛吸一口。这样，牛、羊、鱼、纺车、渔船、树木、百姓尽被其吞入，像龙卷风。然后翻身而去，在一片混沌的混乱场景中，牛郎奋力追赶。在乱象上，牛郎不由自主地被翻腾，衣服在情景中被撕碎。

场景在晦暗的情绪中，四季变换，墙上被青藤爬满，满场下起大雪。戏台上一束光投下，牛郎伏睡在地下，已不知多久。

一高僧出现在其身旁，略作停留，继而走出戏台，在塔基停留，老僧口念"进贤门外，吾佛重地，水火既济，坐镇江城，此塔一建，永保平安"。言罢，右手持禅杖击地三声，瞬间消失。

### 第三幕 勇斗妖邪，建造金塔

戏台：牛郎梦醒，遂告乡邻，掘地果得一铁函。

铁函亮相，在挖掘过程中，泥土翻飞，直至撑满戏台。瑞光逐起，逐渐增强，铁函自行升起，三柄宝剑飞跃而出，嗖嗖出声。 • 三宝出场影像须与铁函吻合。

竹简跃出，法咒现于墙上，金绳出现……

牛郎带领村民们开始建塔：塔由底向上建至二层。妖龙狂怒，兴风作浪，由戏台至白墙，襄挟之处，皆成水患。龙翻腾，怒目向观众吐水，转向塔的方向，加大水量，村民逃散，水淹垮了塔基。此时戏台上牛郎开函飞剑，击溃了蛟龙（搏斗设计：飞剑与火箭一般，飞击妖龙）。

村民们继续建塔，塔升至大半，恶龙携火而来，所到之处皆为 • 村民画面不再显示，只有牛郎一人。

火患。火龙由墙窜至戏台，张开巨口（特写）向观众喷火。复又转头喷向金塔。金塔起火，摇晃，现坠物落下声。火龙在戏台翻滚。牛郎打开铁函，竹简跳出，字筑跳出，碰向火龙。龙逃散，火息。

此次妖龙最后一搏，绕场一圈，惊心动魄中，怒吼着冲击塔体，它上下窜动，左右翻腾。塔身晃动，有部件的震裂声。戏台上牛郎祭出金绳。

金绳绕场，所到之处伴随着金光飞向金塔。自下而上缚住妖龙。妖龙如困兽，撞击金塔。垂死妖龙以巨首撞击金塔，但在金塔的紧束下灰飞烟灭。

三件宝物复回铁函，铁函合上，在光效与雾效的变幻中，塔顶影像渐入戏台。铁函缩变，飞至牛郎手中，牛郎将其置入金塔。

金塔顿时瑞光四起，照亮全场。

化入金塔的效果，村民们在墙这边合掌，以示敬意。

### 第四幕　铁函显灵，金塔永驻

斑驳墙体，如日历一样。快速地翻动（从古至今），突然定格在沧桑感的墙体上，鼓凸出"敌寇盗宝"的字样。随后老墙变为石墙，石墙鼓凸出敌人碉堡，疯狂喷射子弹。

碉堡复为老墙，一阵震动。先是一炮筒捣破墙体，然后坦克冲出。（以下略，如原片即可）

塔顶震动。

戏台上，塔内空间晃动，画面变选出塔顶（实物）出场。（以下电击略）

- 石墙上先是脱落一石块，现一黑洞。
- 特写：黑洞中一圆口机枪筒。
- 再特写：枪射出子弹，吐出火舌。
- 推出，现出多个枪孔。
- 石墙鼓凹凸一下现出碉堡。
- 不出现日本军旗。

- 敌军持火炬入塔，塔身受光影响逐层照亮。

### 第五幕　金塔之舞

戏台，牛郎击鼓。背景是塔顶上一层的内部结构，墙上凸现鼓体。

一条红绸自戏台出现绕场，飞向墙上绕鼓而舞，塔上每层出现鼓手。灯光随之变换色彩与节奏。戏台上塔顶层内部富丽堂皇的背景中，鼓声中，虚拟的演员们逐个出场。织女与牛郎相拥，致谢观众，二小孩跳出。老僧、日军、牛、白鸢以不同姿态入场致谢！在牛郎一声鼓槌中，演员顷刻强光消失。在牛郎鼓声中，墙上村民演员消失。

牛郎的鼓声中：塔上鼓者致谢并消失。

突然静场，钟声再次敲响，配合观众音效：一、二、三，烟花升空。

结束。

字幕（墙、台均出）。

• 人物舞蹈互动参考如下。

备注：牛郎造型，动作设计
织女造型动作设计
村民造型注意年龄差异
龙的动作设计

## 三、实景演绎

第一幕 渔舟唱晚

第二幕　妖患肆虐，佛旨佑民

第三幕　勇斗妖邪，建造金塔

第四幕 铁函显灵，金塔永驻

第五幕 金塔之舞

# 第 8 章

## 山水相望
### ——2015 国美毕业嘉年华

杨奇瑞

每年的毕业展示周都是中国美术学院，乃至是整个杭城的艺术嘉年华，2015 年是建校 87 周年。

毕业季不同于校庆，这是一个学生完成大学学业的收获季节，心中的喜悦与即将别离的感伤交织万象。大学四年，让我们的人生观、世界观、价值观和专业技能都逐步进入了稳定阶段。这样一个收获期对学生来说是尤为重要的，所以他们在这时候需要一场青春的纪念礼，毕业季也就是青春的纪念。蓦然回首，四年时光已逝，学生需要总结自己的青春记忆在哪里？学校对我们的意义何在？所以我们想要策划一个关于情怀、感触，关于校园生活，能够激发大家感怀的毕业开幕式。校园就是家园，所以毕业展开幕式正是基于这几方面的构想设计的。

本次开幕式颇具创意的应该是场地的选择，因为以往的校园开幕式，一般多选择在校园当中或者礼堂旁边等能开会的场所举行，观众都是常规的观看方式。而此时的场地是在田径场，田径场满足了我们在初期构想上的三大条件：第一，可以在演绎期间风雨无阻；第二，可以满足绝大部分毕业季的学生、老师等人员的就座；第三，也是最重要的一点，可以展现我们专业跨空间的视觉表现理念，这是全国目前都没有的。什么是跨空间？此次整个演绎区跨度几乎有 300°，加上最后时装走秀部分，基本上达到了 360°。这就是空间维度的多重性，是将跨空间的理念以跨媒体、跨空间的演绎方式来表现。什么叫自由介质？我们给它的解释是利用现成品媒介来进行表现，例如大楼、旗台、地面，这些介质是本来就存在的，不需要兴师动众去改建的介质就叫作自由介质。当下的各种演绎秀，基本上都是一个巨大的建设工程，但我们是利用现成的场地，不需要做大幅度改动，只需要将我们的视觉形象与它结合起来利用，借此产生特别的空间视觉体验。比如说9号楼影像开端部分，"为艺术战"这四个字破墙而出，就是利用了白墙的介质，之后白墙当中出现教室的窗户，也同样是利用了它。若是常规的实景演绎，则需要耗费大量的人力、物力、财力去进行场地改造。我们很好地利用了现成品，这是一个创新，也是一个特色，利用影像来结合现成的实景，在不会对环境产生干预，也不需要兴师动众的前提下进行实景演绎。参加真人演出的学生团体也不需要辛苦排练，按照固定线路走几次就完成了，这是此次演绎的亮点之一。突破常规的场地选择，首例270°～360°的跨空间演绎特色，利用跨媒体形式的演绎方法，使得这次创新的演绎当天就吸引了约4000人至田径场观看。

在剧本的叙事上，我们尽量避免平淡的叙事方法。中国美术学院是一个充满想象力的地方，要突破固有的条条框框，进行大胆的甚至天马行空的想象来创作。我们想让同学们的大学毕业时光和他们的情怀在此时此刻一起飞翔起来，可以逸兴遄飞，越千年往事。大学四年，学生的青春年华是和我们的校园，和我们学校的历史，和我们学校创立之初的精神内涵紧密相连的，而我们需要将它视觉化、审美化。我们想让学生记住蔡元培、林风眠先生的艺术理念——"艺术代替宗教""为艺术战"。开场，9号楼墙上"为艺术战"四个字破墙而出，一匹由激光影像虚构而成的马在校园山体上缓缓呈现，自由奔驰，少年骑着真马、挥举红旗出现在操场上的那一刻，墙上已然变成红旗飘飘的画面。学生们看到的这位骑士，好像来自远古洪荒，驰骋于历史尘埃之上，奔腾于我们的想象之中，跃

动在我们此刻的校园内，这种激越的情怀自然地生发出来。这个章节完成之后，操场上涌现出西湖的故事。天地洪荒之时，地表本无湖，蛮荒一片，崎岖不平，水流漫入其中，淹平地表，潮水涌动翻腾，激荡后恢复平静，成为湖。有了湖才有了我们的学校，才有了我们的历史，才有了今天的我们。所以想象力同样具有逻辑感、空间感，再近的事情都能与很远的事情相互联系起来。下一幕就进入了美院日常的叙述，画面转入一个教室之中，一位女学生骑着自行车去上早课，穿过校园时还细雨霏霏，她迟到了，轻轻敲门。从叙述表现上看，有时候我们把小的东西放大去讲，大的东西缩小去讲，就像我们用学生、自行车、细雨、敲门声这些日常元素，来引出蔡元培先生。学校是一个小的实体，蔡元培先生的故事却是一件大事，他所提出的"以美育代宗教"的学术思想在艺术史上具有非常重要的意义，然而我们却把历史的瞬间放在日常生活中来叙述，这是一种极大的对比反差，也是一种艺术语言的处理手法。

蔡元培先生从教室门外走进来，开始视察教室。在这样一个常见的场景中，他讲述了这样一段载入史册的话。将如此有深远意义的讲话放在这样一个空间中来讲述，就像是在历史纪录片里一样，将不露痕迹、不做作、很自然的画面都统一在日常中，所以大家听着会感觉很舒服，若只是让观众坐在屏幕面前很单调地听着蔡元培先生的讲话，那肯定很少会有人能听得进去，因为他们会不自觉地认为自己已经知道，不愿意再"被教育"了。但是今天用这种方式再去讲，大家的注意力一下就被调动起来，蔡元培先生这种半生不熟的普通话腔调——绍兴话，让大家会

很好奇地集中注意力去听，想去分辨出蔡元培先生这些话的意思，当注意力集中起来后，产生的记忆自然就会深刻得多。

中国美术学院发展历史中最重要的一段就是西迁，这是抗日战争造成的，抗战是从今年反法西斯的主题带入进去的，意在告诉大家，我们的学校有这样一段重要的历史，这样一段艺术教育的历史磨难与社会的使命传统。中国美术学院的历史由来已久，学校从诞生之初，就有这样一段命运在里面，这也成了学校的核心价值观。时光荏苒，但历史不能忘却，所以我们想让大家重新回顾那段历史。画面里，日本的飞机从高空掠过，带着匪夷所思的视觉效果，在这样一个跨空间的展示荧幕中，从对面的荧幕中飞掠出来的飞机，再加上在湖面上出现的影子，会让观众产生空中真有飞机在飞的错觉。这种设计和表现方式在电影院里也不可能实现。当然，也不能耗费大量财力、物力、人力制作一个实体飞机模型挂在半空，所以我们通过跨空间、跨媒体的手段将"错视"效果造成"真视"效果表达出来。这些只是过渡，西迁回来，画面快速切换回当今，我们首先想到的是怎样表现学生今天的所观所感，荧幕里墙上挂着的日历本快速地翻动，直到翻到2011年时才戛然而止，地面上铺满了同学们当年的考卷。中国美术学院自扩招以来，历年报考学生人数众多，考生更是形容自己就像在走独木桥，所以学校招生更是严谨，但我们想到的不仅仅如此，我们希望这些情景能传达出考生的那种心情，那就是进入这个他们梦想中的校园。当大家看到考卷铺满了整个地面时，这个场面对于他们来说再熟悉不过，也许大家的内心都会有各自复杂的情感涌出。但当大多数人以

为画面就到此为止的时候，一阵风吹过来，考卷都翻飞起来，在空中飞舞，然后化成飞翔的群鸟。这些鸟代表着考生的心，代表着学校的希望，它不是就地化鸟，而是绕场而飞，从地面绕到旗台荧幕上，再绕到墙上飞舞起来，把整个360°场景空间联系起来。所以学生们一见到这个画面，心都化了，这是同学们对艺术、对美院的"初心翻飞"。

然后到了我们今天美好的校园，它在山水、茶园、葵地之中四季变换。当刻有"中国美术学院"标志性的巨石缓缓出现的时候，地面之上，花海之中同样有一条石阶路缓缓出现，上面一辆红色的小三轮车徐徐向巨石驶去，在到达操场中间的位置停下后，从车上走下了一名背着画袋、拖着行李箱的女学生，这个女学生迈着自信而坚定的步伐向她心中的梦想校园走去。这是几乎所有毕业生当初入校时的真实写照，这一幕我相信也触动了在场无数人的心。因为很多同学都有这样的经历，当初就是这种三轮车载着自己和行李来到中国美院这个向往之地学习，从进入校园的那一刻开始，离开父母，学会独立，就像这个背影坚定的小女孩一样自信地走在这条属于自己的艺术道路上。

画面再一切换，回到了今天的教室。今天的校长带领学术委员会去检查教学，这个场景的设计是跟当时的蔡元培先生相对应的。这是一个魔幻的、真实与想象并存的教室，学生作业都是从旁边的九号楼飘过来的，学术委员会的成员不变，但教室背景处于变化中，一会儿是雕塑教室，一会儿是国画教室，一会儿是服装教室，实现一个空间、几个教室瞬息变换的效果。影像里同学们怀着忐忑不安的心情，满怀期待地看着来教学检查的老师们如何评价自己

的作品。教室是一个缩影，就像整个毕业季是一个很隆重的活动，同学们都很在意自己的毕业作品是否能得到理想的评价。所以，与这种心情结合起来，就是每年毕业季同学心灵状态的凝练呈现。

同时，我们很好地利用了当今这个网络时代，运用跨媒体的艺术语言和网络宣传渠道，通过这种互动的形式传播信息，当晚的点击量达到了几十万人次之多。关注达到几十万，这是一个很重要的成功要素，也是一个很重要的成功标志。最主要还是因为最终内容设定达到了我们预先的目的，正如之前提到的"青春记忆"，学生观看之后会感觉讲述的是我们学校的故事，讲述的是和自己有关的这四年的故事。从入学到毕业这样一个过程中，在校园孕育出的有形和无形的背景之下所产生的情怀和感触，蕴含其中，共融相通。

综上所述，这就是我们主要思考的几个方面。第一，这是任务。毕业展示周的开幕式每年由不同学院轮流负责策划，今年正好交由我们公共艺术学院负责，而我们学院的师生都想做出点不一样的东西。中国美院改革发展至今，各专业学科都有不同的能力，而公共艺术学院则具有整合各个专业的统筹能力，在做一件"综合体"创作的时候，会产生令人惊叹的"化学效果"。第二，我们是国家队。我们负责策划的团队从事过世博会的策划和设计，已有七八个年头。这个团队做过上海世博会浙江馆，设计过韩国丽水世博会和意大利米兰世博会，后两次世博会主要是应国家邀请参加。我们设计的方案非常精彩，即便最后由于种种原因没能实现，但也都名列前茅，得到优秀奖的荣誉。所以毕业秀的展示活动最终所呈现的样子也肯定是

带有我们一贯的特有风格。第三，我们强调体现创造力。想象力应该是艺术创作的灵魂，它没有边界，可以心思浩渺，同样也可以润物入微。纵横驰骋于想象的天地间，我们希望通过它营造出校园里弥漫着的一种人人都能感觉到的令人自豪、令人幸福的艺术氛围，体现中国美术学院应有的创造力和想象力。第四，这是专门为毕业生纪念青春时光所打造的，不同于校庆，它的本质就是要让同学们感怀自己，重新梳理自己四年的校园生活，中国美术学院到底带给了自己什么，有形的也好，无形的也罢。此次毕业展开幕式整体设计要求绝不因循守旧，不重复抄袭其他作品，通过运用我们专业特有的艺术语言来展现，力图打造一个令人耳目一新的开幕式秀。所以这场开幕式就像是一首视觉的诗，是一首关于青春的诗，是一个壮怀激烈、充满意境的跨媒介实景演绎作品。

# 一、场地说明

　　演绎区包括操场、7 号楼、9 号楼、体育馆、山体等跨空间对象。其中，地面投影区域长、宽约为 7m、51.5m；全息投影区域长、高为 67m、15.2m；墙体投影区域长、高为 44.5m、25m；楼体灯光、山体激光灯区域、染色灯区域作为背景配合。

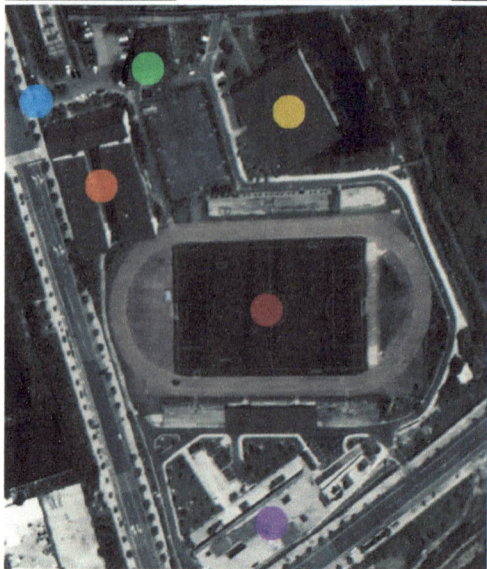

场地投影实验

| ■ | 操场 |
|---|---|
| ■ | 9 号楼 |
| ■ | 体育馆 |
| ■ | 7 号楼 |
| ■ | 山北 2 号门 |
| ■ | 热成型大楼 |

场地区域

拍摄花絮

## 二、脚本节选

| 内容 | 9号楼 | 旗台 | 地面 | 石头 | 山体 | 舞林 | 灯光 | 音效 | 其他 |
|---|---|---|---|---|---|---|---|---|---|
| 出现国立艺术院孤山校区，西湖罗苑景象 |  | 影像变为国立艺术孤山校区，西湖罗苑景象 | 配合旗台统一画面，反射罗苑倒影 | 配合地面影像呈现芦苇植被等画面，丰富湖面 |  | 舞林起 | 配合 |  |  |

| 内容 | 9号楼 | 旗台 | 地面 | 石头 | 山体 | 舞林 | 灯光 | 音效 | 其他 |
|---|---|---|---|---|---|---|---|---|---|
| 照片结束，地面爆炸，零式战斗机从高空飞过，高射机枪声，战机击落 | 高射机枪声过后，一台战机由高空飞过，坠落地面，爆炸 | 远处零式舰载机由远至近飞过 | 爆炸配合战机影子，出现爆炸影像 | 配合全景出现爆炸影像 |  |  | 配合 | 战斗机、爆炸、高射机枪扫射、飞机坠落等音效 |  |

| 内容 | 9号楼 | 旗台 | 地面 | 石头 | 山体 | 舞林 | 灯光 | 音效 | 其他 |
|---|---|---|---|---|---|---|---|---|---|
| 战斗画面结束，照面再次由远至近出现，画面内容为抗战题材艺术作品照片资料 | 一幅画面为刘开渠制作雕塑，一幅为刘开渠作品《一二八淞沪抗日阵亡将士纪念碑》 | 照片再次由远至近出现，画面内容为抗战艺术作品照片资料 | 抗战题材艺术作品照片资料从西湖湖面啊飞过 | 出现抗战题材艺术作品照片资料 |  |  | 配合 |  |  |

| 内容 | 9号楼 | 旗台 | 地面 | 石头 | 山体 | 舞林 | 灯光 | 音效 | 其他 |
|---|---|---|---|---|---|---|---|---|---|
| 民国教室学生上课景象，民国少女推门进入自己位置画画，蔡元培林风眠等人进入教室进行宣讲 | 出现一幅素描作品，纸张飘动，当蔡元培进行宣讲时，出现林风眠宣讲资料影像 | 民国教室出现，学生上课绘画景象，民国少女推门进入自己位置画画，蔡元培、林风眠等人进入，学生迎接，蔡元培进行宣讲 | 西湖影像，呈现教室倒影 | 石头材质 |  | 舞林起 | 配合 | 对话配音，林风眠宣讲音频资料 |  |

| 内容 | 9号楼 | 旗台 | 地面 | 石头 | 山体 | 舞林 | 灯光 | 音效 | 其他 |
|---|---|---|---|---|---|---|---|---|---|
| 图片资料由抗战艺术作品变为学院西迁图片资料 | 左边画面学院西迁图片资料，右画面出现学院西迁线路图动画 | 照片由远至近，画面内容为学院西迁图片资料 | 学院西迁照片资料和战斗机影子从西湖湖面飞过 | 出现学院西迁照片资料 |  |  | 配合 |  |  |

| 内容 | 9号楼 | 旗台 | 地面 | 石头 | 山体 | 舞林 | 灯光 | 音效 | 其他 |
|---|---|---|---|---|---|---|---|---|---|
| 出现油菜花田 |  | 出现中国美术学院石碑和油菜花田 | 出现油菜花田，蝴蝶翻飞 | 配合地面出现油菜花田 |  | 舞森起 | 配合 |  |  |

## 三、实景演绎

同学们：

大学院在西湖设立艺术院

创造美

使以后的人

都改其迷信的心为爱美的心

藉以真正的完成人们的生活

以纯粹的美来唤醒人心

就是以艺术来代宗教

以兼容中西艺术、创造时代艺术

弘扬中华文化为其办学宗旨

——蔡元培

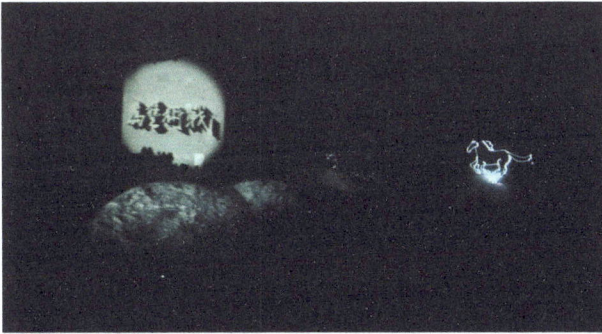

# 公共艺术若干问题研究

杨奇瑞

近些年，公共艺术成为中国艺术界及城市公共文化的重要话题。作为专业名词，公共艺术（Public Art）久已存在，其在西方有相当长的历史。在其他国家也有各自独特的经验与成就。事实上，公共艺术并没有统一的界定，差别很大。公共艺术始终是与各自的民族文化、城市文化、建设经验一起成长和发展的。中国经历了多年的城市雕塑大规模兴盛发展阶段，建立了城市雕塑的社会认同基础，令其成为城市文化的一部分。随着城市高速发展，经济持续繁荣，城市文化建设、公众精神生活更趋多元。除城市雕塑之外，各种创作与设计的手段和智慧的实践成果，逐渐形成公共环境文化各显身手的格局，推动并强化了公共艺术研究。公共艺术建设与研究在中国的发展和今后的趋势，预示了公共艺术将进入一个新的阶段，同时也反映了中国将在此领域拥有绝对的话语力量。

雕塑界不少人士认为，公共艺术就是城市雕塑，至少公共艺术的主体是城市雕塑。这应该是事实，公共艺术的历史明证于此。

也有观点认为，公共艺术并不是某个艺术类型的专指，而是一种现代城市文化和艺术的总体概念，除了雕塑等造型艺术外，广告招贴、公共设施、城市家具、景观园林、大众传媒、公共环境设计、视频传播、公共艺术活动等实用艺术，甚至包括公共审美教育也应纳入公共艺术范畴。任何对城市文化有促进作用的，与公众共同生活发生审美关系的，无论其手段如何、形式如何，都可称为公共艺术，公共艺术并非雕塑、绘画等造型艺术的专利。

一些现代艺术家坚持认为，公共艺术就是在公共环境里，即在自然空间和公众生活空间里，艺术家创作艺术作品，以自我实现为目的。

建筑师、规划师在经营公共艺术的规划、布局、空间尺度等方面有独到的见解，从传统美学角度讲，建筑也是造型艺术。历史上达芬奇、米开朗琪罗既是雕塑家、画家，也是建筑师、规划师，因此他们是城市公共艺术的宗师。特别风格的建筑也是公共艺术（有使用功能的造型艺术品），贝聿铭在巴黎的卢浮宫金字塔以及北京的中国大剧院、鸟巢、中央电视台等标志性有雕塑风格的建筑均可视为公共艺术作品。

也有些艺术批评家从现代民主政治、公民权利等意识形态的角度探讨公共艺术，认为公众权利，甚至经济关系决定了公共艺术的性质，艺术要为公众服务，只有公众参与并体现了公民意志的艺术才是公共艺术。虽然环境、语境、对象不同，甚至跨越历史时空，但观点与毛泽东所提倡的"文艺为工农兵服务"的思想十分相似。

遗憾的是，古今中外，由公众决定并促成的公共艺术案例并不多见。

以笔者的经验，公众对公共艺术的态度是宽容的。公众更乐意成为公共艺术的欣赏者，通常表现为对艺术家劳动的尊重，而对作品的喜恶和理解与否则在其次。近些年，以民意代表参议的形式对公共艺术的取舍，并没有产生应有的效果，甚至有时会成为决策者缺乏艺术判断或分解责任的托词。

公共艺术实施中的民意成分只能是指标体系中的一小部分，而不能左右公共艺术本身。毕竟公共艺术有其专业规律，思想与技术的表达方式不能被代替，也不能被过多的非艺术因素干扰，否则会伤害公共艺术本身。

在公共艺术教育方面，中国美术学院等高等艺术院校先后建立了公共艺术专业，并设立了系和院的建制。其目标是总结过去中外公共艺术的发展状况和经验，研究中国未来城市建设、城市文化的发展趋势，将公共艺术作为一个新的学科，培养为城市公共艺术、公共文化、公共传播、公共设施设计、公共环境设计的专门人才，运用传统艺术与现代综合技术创作手段来创造公共环境艺术、公众生活艺术、公众生活方式艺术。对于公共艺术的学科定位，笔者认为公共艺术是中国城市化背景下的新文化命题，是当代世界性的多元化研究的重要课题。显然，他是一个交叉的学科研究。这种交叉学科研究，绝不仅是把某一学科和与之相关的几个学科拼加在一起，各自从不同的方面去研究同一论题，而是要构建一个不隶属于任何一门学科的新主体。它所借助的各门学科不是一份简单的综合清单，而是提供不可替代的和实际有效的方法论。公共艺术研究如何构建这样一个新的主体呢？要构建新的学科主体，就要考察作为这一研究对象的"公共艺术"是"什么东西"，就必须重新考察"公共"和"艺术"这两者的相互关系。我们要努力使这两个概念摆脱传统视野中根深蒂固的本质主义。在相关的内在根源处提出重新思考，为公共艺术立言。"公共"即指公共场所，又指公共性本身，是以公共性场域为平台来表达和推行公共性的精神。因此"场所"的中心性成了公共艺术学科的核心思想。

场所是一内涵丰满的称谓，即指某一空间与周遭的外在、内在联系的总和，又指向蕴涵在时间因素中的归宿和命运感。

所谓公共性，除了指公共空间的物权意义，还指与空间场所的人共同形成的物质性质与根本意义。公共艺术就是调动艺术的方式，因此公共艺术优先突出的是场所。这份诗性、词心、匠意，通过在场域中的可见不可见，与主观和客观的交感，来影响和感动众人。如果说艺术家自己创作是"独乐乐"，那么公共艺术的创作则是将艺术个性融入场域情景和内涵，升华为"众乐乐"。独乐与众乐浓缩了公共艺术的研究方向、研究主题、艺术使命与学术责任。中国美术学院公共艺术学院将探索与构建具有东方文化意蕴的当代公共艺术学，构造以境域的中心性为核心、以视觉活动的"视觉性"为基本架构、以当代人群的新型的精神交流模式为基本指向的公共艺术理论和实践交流，作为公共艺术学院的学术使命。

在高等院校里实现公共艺术高级人才的培养，体现了当今与未来公共艺术事业的深刻需求。

公共艺术是一种艺术门类，还是一个专业？是造型艺术，还是包括实用艺术？是一种艺术概念，还是一种潮流？对此，涉入其中的每个专业都有自己的认识，每个角度都有自己的坚持，每个领域都有自己的话语权力。公共艺术毕竟是发展中的事物，求同存异，营造公共艺术的良性生态，应成为共识。

公共艺术良性生态应有以下构成要素：（1）城市环境建设、城市文化需要；（2）优秀的公共艺术创作设计队伍；（3）政府运作的良性机制与较好的经济环境；（4）公共艺术批评与监督机制；（5）公共艺术人才培养；（6）社会支持与优秀的文化范围。

在城市建设方面，政府在公共艺术上的投入逐年加大，在塑造城市形象、修复历史文脉、体现文艺创新等重要方面，公共艺术成为不可或缺的重要元素，成为城市综合实力竞争中的重要标志。北京、上海、杭州及许多其他省市都有令人瞩目的公共艺术规划和大型的公共艺术项目实施。不仅如此，连一般中小型城市都有相当体量的公共艺术投入，还不包括企业的投入。中国的公共艺术投入的物质环境，是当今世界最好的之一。上述几个方面均属公共艺术生态中的重要环节。

西方国家在公共艺术生态的发展方面给我们也提供了很多参照经验。

欧洲国家人文历史深厚、艺术氛围极浓，历朝历代至今都有着辉煌的艺术，很多成为公共艺术品留于后世，古往今来城市户外的环境艺术品到处都可见。艺术至上之风气在欧洲已成传统，深入人心。从事艺术者，多具探索精神，政府、民间、企业、财团在公共艺术建设、艺术的公益活动方面都有良性的机制运作和投入。

大量的存在必然会影响人们的社会公共艺术价值观、审美观。朝代更迭、时空变化，社会尊崇艺术之风未有改变，现代多元社会更是崇尚艺术的个性。这样的文化背景显然是现代公共艺术发展的优沃土壤。

欧洲的历史艺术遗存太多，占据了大量的公共空间。其公共艺术发展的空间和规模有限，同时也不可能以新的公共艺术取代已有的历史上的公共艺术品，因此公共艺术的发展趋于饱和状态。

作为新大陆的美国有着移民文化背景，地域广大，200余年持续不断的城市发展使他们既保持欧洲文化传统，同时又要建立新的城市文化形象，公共艺术品此时成了优秀的角色。美国对公共艺术的急需、巨大的经济力量和商业文化环境，无疑使其公共艺术的发展如鱼得水。因此，公共艺术发展的又一高潮是在美国，在这里，新型公共艺术的想象与创造力得到最大的发挥。

公共艺术在美国真正成为一个现代城市、一个地域乃至国家的标志性艺术的象征。如《总统山》、考尔德的《芝加哥》《弗拉明戈》等，象征新时代、新文化的大尺度作品在美国比比皆是，对公共艺术的重视反映了作为新大陆国家树立文化形象的深刻需求。

美国在公共艺术上的成就催生了联邦艺术法，即"支持公共艺术百分比法案"。公共艺术是城市文化的重要部分，以至于需要法律来支持与保护它，这是城市文化与城市建设科学的结论，是人类文明发展的经验证明。

从西方公共艺术发展的经验来看，中国具备了相似的条件和背景。中国是个历史悠久、文化积淀深厚的国家，这成为公共艺术创作取之不尽的历史资源。同时，中国有着与欧洲文明一样的尊重文化、尊重艺术的社会传统。

中国有着近现代期间因各种原因被损毁的城市历史文化需要修复重建，同时千篇一律的城市形象也需要改变。经济发展使城市化进程加速，需要公共艺术作为新文化、新形象来塑造自己，这构成了中国公共艺术发展的重要动力，这点和美国的某些历史阶段特点有些相似。

然而，影响中国公共艺术生态健康发展的问题依然不少。以城雕为例，几十年来做了成千上万的作品，但值得传承的精品并不多，劣质城雕到处可见。存在相当多的抄袭、模仿、雷同的作品，低手抄高手，高手抄国外（有些高手甚至身居学术要职），此地抄彼地。形成这种风气的原因很复杂：

（1）业主缺乏公共艺术创作作品的价值判断，或者认为重复与抄袭本身并不重要，只要"好看"，能美化装饰城市环境就行；

（2）一些创作设计者本身对学术认知不清，或为利益驱使，放弃学术责任；

（3）艺术批评队伍薄弱，评价与批评往往隔靴止痒、不得要领，难以切中弊端；

（4）以公众满意和领导行政意志夸张或曲解所谓的艺术的"公共性"，而轻视艺术创作本质与规律。

笔者认为公共艺术本身还是要解决好艺术的探索及创新问题，这可能也是公共艺术良性生态的根本问题。

现代公共艺术总体讲是西方艺术影响的产物，西方艺术是中国人近百年来从技术手法到艺术形式，不断学习和模仿的对象。我们在吸取西方艺术技巧的同时，没有完全重视这种创新精神及原创意识。我们的文化传统似乎并不在意西方的那种原创精神，而是受文化思维的惯性影响，重视技术上的学习，但很多时候将技巧与艺术创作完全相混了。

中国传统艺术的程式化特点很强，有程式化审美，自然有其程式化的艺术批评和价值观。中国艺术中创新、创意、艺术个性的传统观念与西方大相径庭，其中的艺术个性及创新并不是衡量艺术水准的重要标准。我们的中国美学思想在影响着我们的判断，影响我们对创意创新与模仿抄袭、借鉴之间的理解。中国传统艺术的观念，大多在"相似""近似"或"似与不似之间妙味"的前提下评论。这些评价的理念在现代公共艺术，如城市雕塑上便不合适。例如中国公园里的亨利·摩尔式的模仿作品，因为它很像中国的山石之类的东西，于是便出现中国的张摩尔、李摩尔之类贻笑大方之事。同样，表现三国或水浒人物，如果雕塑作品像某些著名的中国画家的作品处理风格，那就不能说是完全的创作，而是模仿，因为画家已经将造型提炼成为属于自己的风格艺术造型。现代艺术家对公共环境与公众文化有着自己的独特视角，产生的作品往往有着很鲜明的作者风格，甚至是个人标签，是独特而不可重复的，现代公共艺术作品更不可以被别人模仿和挪用。

提倡公共艺术的创新精神，其本身含义是广泛的，它并非只是强调艺术上出新招、奇招，而是提倡艺术家的独立思考能力、创造能力，其中也包含对传统艺术风格的深度理解、精品意识等。创新精神还包含着反对以艺术名义的唯我独尊，搞视觉霸权和审美暴力等危害公共环境与公众情感的行为。公共艺术毕竟不是艺术家个人的私有作品，它本身有着尊重公众情感、尊重公众环境，传承文明、传播文化的使命。

公共艺术的自身发展规律也证明，艺术家的探索及不竭的创新精神在其中起着极大的推动作用。自20世纪初，西方现代主义艺术运动产生了许多艺术流派，对公共艺术尤其是城市雕塑产生了极大的影响。例如，毕加索的立体主义促进了雕塑造型从传统单纯的人物为母体的题材中解放出来，在雕塑的体量感的表现手法中运用了造型中平面几何以及建筑块面感的分析，从而丰富与拓展了雕塑的形式语言和表现风格。在他的立体主义影响下的构成主义、结构主义的研究实验，发展了金属焊接雕塑，并成为现代雕塑的重要品种，它的理念强调雕塑首先是"空间的艺术而非体量至上的雕塑"。这对后来室外雕塑形式语言的解

放起了很大的作用，金属材料科学不断进步，使金属焊接的理念不断与时俱进，最终成为公共艺术中最常采用的手法之一，并产生出以美国考尔德风格为代表的大型作品，成为公共艺术的经典范例。在我国则常常使用锻制不锈钢或锻铜作品，用于解决大跨度、大空间的造型风格作品。

结构主义、综合立体主义艺术，在雕塑的非永久性材料的美学研究和使用上，扩展了雕塑的自由性。"材料即语言"的观念是该风格最准确的解释，超现实主义大师米罗则在雕塑语言的色彩上作出大胆尝试，也是绘画与雕塑的一种结合。

构成主义还影响了机械主义雕塑、雕塑装配艺术，强调机器是充满诗意的艺术。充满着工业文明印记的这类雕塑在欧洲经常可以看到。未来主义雕塑则对雕塑的运动美学有进一步拓展。

超现实主义、达达主义以及波普艺术的实践在雕塑题材方面远离雕塑所擅长的纪念性、崇高性，变得更贴近个人精神和普通生活。毕加索后期的自由艺术，对整个现代艺术起了巨大的示范作用，雕塑风格和形式极大地得到扩展。

包豪斯艺术也影响了现代主义后期的极简艺术风格，产生出一大批极简的现代工业美学风格的大型城市公共艺术。光效应艺术、光雕塑、运动雕塑出现后，直接展现的是艺术与科学和工程嫁接的形式，并为公共艺术中的实用艺术类型发展带来启发。场所艺术和环境艺术的出现已经将雕塑视作一个元素，与已有空间的其他客观存在的条件共同构成一个空间作品，大地艺术亦属此列。

亨利·摩尔和贾科梅蒂在空间幻觉的制造上贡献巨

大。亨利·摩尔探索在雕塑的体量上制造通透的空洞，延伸、扩大空间感从而增加体量的张力。贾科梅蒂蜡烛一样的小人物形象，反证出另一个虚空间感的存在，有限的物理量却产生大空间感。他与亨利·摩尔一样都是雕塑空间意境的营造大师。

而后现代主义大师杜尚宣称"一件艺术作品从根本上讲是艺术家的思想，而非作为有形的实物的绘画和雕塑，艺术是一种概念"。艺术家不必遵循什么样式。概念是重要的，千百个艺术家就有千百个概念，千百个艺术是不同的，这即所谓的概念艺术。杜尚比毕加索走得更远，否定造型的意义。我们今天说的艺术原创和创意的价值意义从他这里得到最大的激励。

概念艺术又影响了具有符号学、语言学特点的艺术，新的结构主义艺术、大地艺术、行为艺术、媒体艺术，彼此融合、互动、综合，从而新艺术、新可能、新观念加速出现，并影响着公共艺术。

发展中的这些艺术流派、理念、风格在完成了室内架上艺术的探索之后，都差不多同时走向室外而成为公共艺术。尤其是像毕加索等大师级艺术家的介入，对公共艺术概念的确立和推动，影响甚巨。如今我们到处可见的西方各个时期的现代公共艺术作品，不能不联想起其发端于那个充满创造力的时代和那些艺术家。

艺术探索与创新给公共艺术带来巨大的变革，今天的公共艺术如果仍处在早年传统的模式里是让人难以想象的。这里我还想用两个极端案例探索公共艺术传统与现代的观念的异同。

《布鲁塞尔的小便男孩》是个著名的户外纪念性雕塑，讲述的是个名叫于连的小男孩撒尿浇灭了敌方炸药的导火索，从而解救了城市的故事。布鲁塞尔人民以他的故事形象建造了一座纪念铜像，并封他为"布鲁塞尔第一公民"，成为一个城市的象征。造型运用古典写实技巧，塑造了真实、生动、可爱的形象，得到人们真正的喜爱，吸引着无数世界各地的人们来瞻仰。小男孩雕塑几乎等身真人大小，与其所在的古典建筑环境一起诠释了城市古典公共艺术的经典特征。

另一个案例是美国现代艺术家克里斯托和珍妮·克劳德夫妇的作品《雨伞》，它是由数千把大型的雨伞构成，分黄蓝二色，分别置于美国和日本。蓝伞设置在日本的稻田、山溪间，与安静劳作的日本农民相伴；黄伞则在设置在美国加州的一个山谷中，与万名好奇的参观者构成奇观。作品完全没有传统尺度概念，无法一览全貌，因为中间有太平洋海峡相隔，无法一次性去观赏。这与一览无遗的《布鲁塞尔的小便男孩》形成鲜明对比，其功能、目的、效果完全不同。但作品通过伞与雨的自然联想统一起作品的全貌，黄、蓝两原色凝聚了符号意识，作品的人文诗意和巨大的时空跨越产生了视觉与想象的冲击力。这里，作品不是在说一个故事，装饰环境效果，而是在创造一个人们从不可能有过的视觉经验、文化诗意，地域及文化差异通过作品得到调和，以视觉哲学来阐释文化。

这是两个极端又具有代表性的案例，对比异同，我们基本上看出：

第一，两个案例的共同性是作品都要面对公众，解决与公共环境的关系。《小男孩》面对绵绵不断的历史人群和现代游人；《雨伞》作为一个短暂存在的作品，面对有限时间里的观众。

第二，两件作品都有与观众人群精神交流互动的公共特征。在作品的公共人文精神内涵上，《小男孩》反映的是人们保卫家园的智慧，叙述的是一个公共传说；《雨伞》是作者的个人观念，反映出宏观的现代跨文化、跨境遇人文思考，两者都具公共性要素。

第三，存在差异。《小男孩》是最常见、典型的传统雕塑，形神兼备，准确生动地表现出故事规定的情节，符合公众对这个故事的理解，贴近公众的基本审美习惯。符合与传统环境、建筑配置的要求。这就是造型类（从传统造型和传统材料）的城市雕塑，这种模式作品仍然是当今我国城市公共艺术中的主力，专业界的学术指标和技术指标评价也趋于相同。这类作品并不像现代艺术那般强调独创、原创、个人风格，它们彼此雷同相像，技巧往往被看得很重，以至于有时候作品、作者的名字都会被忽略，这在现代艺术中是不可想象的。

《雨伞》是观念性很强的大地艺术风格。不是造型概念的作品，没有政府及公众的预设要求，没有模式来源，是作者个人化与公共环境结合、创造独立标签的艺术样式，也是不可重复与复制的艺术。

《小男孩》的内容和形式是典型化的雕塑，放在公共环境中可以说是城市雕塑、公共雕塑，放在室内则可以说是架上雕塑。这类作品的制作过程，有雕，有塑，有刻。从名词到动词的意义均可说是雕塑。

《雨伞》则不能说是雕塑，因为它没有"雕"的过程，也无"塑"的技术要求，是非永久性材料。只有立体、占领空间的特征与雕塑的要素有些联系。如果要说是雕塑的话，那么在这里雕塑是动词，就是立体地去呈现的行动过程。将这样的艺术概念界定为公共空间中的艺术品更为确切。

两个案例类型差异巨大，甚至不具可比性，一个是具有公共艺术共性的艺术，另一个则是公共艺术个性的艺术，反映了模式化的艺术和原创性的艺术在面对公众和环境时的不同作为。两个案例似乎站在艺术历史发展中不同的节点上，阅历其中发生的那么多的艺术运动，产生的那么多的流派、风格，艺术世界已是沧海桑田的变化，其中却反映着一种历史的必然。

研究公共艺术发展的经验，营造公共艺术良性生态，提倡艺术的创造性、包容性和多元性，公共艺术的繁荣时代是可期的。

写于 2008 年 1 月